计算机专业·任务驱动应用型教材

# 程序设计基础（Java）

主　编　唐美霞　张敬斋　岳佳欣

副主编　杨彦龙　李梦雪　刘立圆　熊淑云

電子工業出版社
Publishing House of Electronics Industry
北京•BEIJING

# 内 容 简 介

本书基于 Java 17，以项目教学的方式，循序渐进地讲解程序设计的基本原理和具体应用的方法与技巧。

本书分为 10 个项目，具体内容为：初识 Java、Java 语言基础、流程控制、数组、字符串、类与对象、面向对象核心技术、异常处理、常用的 Java API、输入/输出与文件处理。

本书实例丰富、内容翔实、操作方法简单易学，既适合职业院校计算机与软件工程相关专业的学生使用，也适合从事 Java 编程相关工作的专业人士参考。

本书配套电子资源涵盖书中所有实例的源文件及相关资源，以及实例操作过程的录屏动画等，可供读者在学习过程中使用。



**图书在版编目（CIP）数据**

程序设计基础. Java / 唐美霞，张敬斋，岳佳欣主编. —北京：电子工业出版社，2022.4

ISBN 978-7-121-43812-7

Ⅰ. ①程… Ⅱ. ①唐… ②张… ③岳… Ⅲ. ①JAVA 语言－程序设计－高等学校－教材 Ⅳ. ①TP312.8

中国版本图书馆 CIP 数据核字（2022）第 111662 号

责任编辑：郭乃明　　　　特约编辑：田学清
印　　刷：北京虎彩文化传播有限公司
装　　订：北京虎彩文化传播有限公司
出版发行：电子工业出版社
　　　　　北京市海淀区万寿路 173 信箱　　　邮编：100036
开　　本：787×1092　1/16　印张：14.25　字数：356 千字
版　　次：2022 年 4 月第 1 版
印　　次：2024 年 1 月第 2 次印刷
定　　价：49.00 元

凡所购买电子工业出版社图书有缺损问题，请向购买书店调换。若书店售缺，请与本社发行部联系，联系及邮购电话：（010）88254888，88258888。

质量投诉请发邮件至 zlts@phei.com.cn，盗版侵权举报请发邮件至 dbqq@phei.com.cn。

本书咨询联系方式：（010）88254561，guonm@phei.com.cn。

# 前　　言

Java 是 Sun 公司开发的一种面向对象、跨平台、可移植性高的编程语言，凭借其易学、易用、功能强大的特点得到了广泛应用。Java 可以用于编写桌面应用程序、Web 应用程序、分布式系统和嵌入式系统应用程序等，其强大的跨平台特性使得 Java 程序可以运行在大部分系统平台上，甚至移动电话、嵌入式设备及消费类电子产品上，真正做到了“一次编写，到处运行”，从而逐渐成为应用范围最广泛的开发语言。

本书以由浅入深、循序渐进的方式展开讲解，以合理的结构和经典的范例对 Java 基本原理及实用功能进行详细介绍，具有极高的实用价值。通过本书的学习，读者不仅可以掌握程序设计的基本知识和应用技巧，还可以灵活利用 Java 进行各种编程。

## 一、本书特点

☑　实例丰富

本书的实例无论是数量还是种类，都非常丰富。本书结合大量 Java 编程实例，详细讲解程序设计的基本原理与知识要点，让读者在学习案例的过程中潜移默化地掌握程序设计的基本知识和应用技巧。

☑　突出提升技能

本书从全面提升程序设计实际应用能力的角度出发，结合大量案例来讲解如何使用 Java，使读者了解程序设计的基本原理并独立完成各种程序设计应用操作。

本书的很多实例本身就是程序设计与开发的项目案例，经过编者精心提炼和改编，不仅可以保证读者能够学好知识点，更重要的是，还可以帮助读者掌握实际的操作技能，同时培养其程序设计与开发的实践能力。

☑　技能与思政教育紧密结合

本书在讲解程序设计与开发专业知识的同时，紧密结合思政教育主旋律，从专业知识角度触类旁通地引导学生提升相关思政品质。

☑　项目式教学，实操性强

本书的编者都是高等院校中从事程序设计教学研究多年的一线人员，具有丰富的教学实践经验与教材编写经验，而且多年的教学工作使得他们能够准确地把握学生的心理与实际需求。有些编者还是国内程序设计相关图书的知名作者，其前期出版的一些相关书籍在经过市场检验后很受读者欢迎。本书基于编者多年的开发经验及教学的心得体会，力求全面、细致地展现程序设计与开发领域的各种功能和使用方法。

本书采用项目式教学，将程序设计的理论知识分解并融入一个个实战操作的训练项目中，增强了本书的实用性。

## 二、本书的基本内容

本书分为10个项目，具体内容为：初识Java、Java语言基础、流程控制、数组、字符串、类与对象、面向对象核心技术、异常处理、常用的Java API、输入/输出与文件处理。

## 三、关于本书的服务

### 1. 关于本书的技术问题或有关本书信息的发布

读者若遇到有关本书的技术问题，可以将问题以邮件形式发至714491436@qq.com，我们将及时回复。同时，欢迎读者加入图书学习交流群（QQ：920553021）进行交流探讨。

### 2. 安装软件的获取

按照本书中的实例进行操作练习，需要事先在计算机上安装相应的软件。读者可以从官方网站上下载相应的软件，或者从当地电子城、软件经销商处购买相应的软件，或者根据QQ交流群提供的下载地址下载相应的软件（QQ交流群还提供了相应软件安装方法的教学视频）。

### 3. 电子资源内容

为了配合各学校教师利用本书进行教学，本书附赠了多媒体电子资源，内容为书中所有实例的源文件和相关资源，以及实例操作过程录屏动画，另外附赠了大量其他实例素材，供读者在学习过程中使用。请对此有需要的读者登录华信教育资源网（http://www.hxedu.com.cn）免费注册后进行下载。

本书由南宁职业技术学院的唐美霞、徐州工业职业技术学院的张敬斋、成都农业科技职业学院的岳佳欣担任主编，邯郸职业技术学院的杨彦龙、郑州信息工程职业学院的李梦雪、河北软件职业技术学院的刘立圆、江西生物科技职业学院的熊淑云担任副主编，邯郸职业技术学院的张萌担任参编。

编　者

# 目　　录

# 项目一　初识 Java

## 思政目标

➢ 关注行业动态，了解行业走向，树立学无止境的学习观。
➢ 学会脚踏实地、执着与坚持，主动提升自身技能。

## 技能目标

➢ 了解 Java 的特性、优势及体系结构。
➢ 能够安装 JDK 并配置操作环境。
➢ 能够安装集成开发工具 Eclipse 并了解开发界面。

## 项目导读

Java 是基于 JVM 虚拟机的跨平台语言，可以实现“一次编写，到处运行”。在互联网和企业应用，以及大数据平台中，Java 是应用最广泛的一种编程语言。在服务器端编程和跨平台客户端应用领域，Java 也有非常明显的优势。本项目简要介绍 Java 的特性和体系结构，以及搭建 Java 开发环境的操作方法。

## 任务一　Java 简介

### 任务引入

小白是某大学计算机学院的一名学生，了解到 Java 工程师就业前景非常好，想自学 Java 编程。那么，Java 究竟是一种什么样的编程语言呢？Java 与其他常见的高级语言相比有什么优势呢？Java 根据应用环境的不同提供了不同的版本，我们应该如何选择合适的版本呢？

## 知识准备

### 一、发展历程

20 世纪 90 年代初，个人计算机的应用对人们产生了极大的影响，同时改变了人们对组织和商务的管理方式。Sun 公司由此成立了一个名称为 Green 的内部研究计划，旨在针对有线电视转换盒这类处理能力和内存都很有限的消费设备，设计一种小型的计算机语言，并开发小型家电设备的嵌入式应用。不仅如此，由于不同的厂商会选用不同的中央处理器（CPU）和操作系统，因此这种语言的关键是不能与任何特定的体系结构捆绑在一起，即要求语言本身是跨平台的。该研究计划的负责人 James Gosling（被称为 Java 之父）针对这种应用需求推出了一种被命名为 Oak 的编程语言。使用这种语言编写的代码短小、紧凑且与平台无关。由于市场对智能型家电的需求并不像预期的那样迫切，因此该语言推出后反响平平，Green 计划也面临被取消的风险。

随着互联网的崛起，Sun 公司看到了制作动态网页的潜在发展商机，改造了 Oak。由于已经有其他程序语言注册为 Oak，于是，该公司在 1995 年 5 月注册了 Java 的商标，并正式推出了 Java 测试版。借着互联网爆炸式发展的“东风”，Java 随之开始蓬勃发展：1996 年，JDK 1.0 被发布；1997 年，JDK 1.1 被发布；1998 年，改进了早期版本缺陷，更名为 Java2；2004 年，将 J2SE 1.5 更名为 Java SE 5.0；2005 年，更改 Java 各种版本的名称，取消其中的数字“2”（J2ME 更名为 Java ME，J2SE 更名为 Java SE，J2EE 更名为 Java EE）；2009 年，甲骨文公司（Oracle）收购 Sun 公司；2011 年，Java SE 7.0 Dolphin 被发布；2014 年，Java SE 8.0 被发布；2017 年，Java 9.0 被发布。随后，Java 的版本每半年（3 月和 9 月）更新一次。2021 年 9 月，最新版本 Java 17 被发布。

### 二、特性和优势

Java 具有面向对象、与平台无关、安全、稳定和多线程等特性，特别适用于网络应用程序的设计，已经成为网络时代重要的编程语言之一。

#### 1. 简单性

由于在 Java 开发初期，Sun 公司的开发人员都有 UNIX 的应用背景，所开发的语言以 C++为基础，因此 Java 与 C++类似，但没有 C++那么复杂。可以说，Java 是 C++的简化版。它抛弃了 C++中少用且不好用的部分，例如，goto 语句、指针运算、操作符重载、多重继承、虚基类等。

#### 2. 面向对象

面向对象是一种程序设计技术，非常适合用于大型软件的设计和开发。Java 是完全的面向对象语言，提供了简单的类机制及动态的接口模型。

#### 3. 跨平台/可移植性

跨平台/可移植性是 Java 的核心优势。Java 介于编译型语言和解释型语言之间。编译型语言（如 C、C++）代码可被直接编译成机器码执行。但是由于不同平台的 CPU 指令集不同，因此需要编译成每一种平台对应的机器码。解释型语言（如 Python、Ruby）由解释器直接加载源码后运行，缺点是运行效率较低。而 Java 将代码编译成一种被称为“字节码”（bytecode）的类别文件，并针对不同平台编写 Java 虚拟机（JVM）。不同平台的 JVM 负责加载字节码并执行。字节码与计算机的生产厂家无关，只要计算机安装了 Java 解译程序，就能执行 Java 的类别程序代码，实现“一次编写，到处运行”。

此外，JVM 的兼容性做得非常好，低版本的 Java 字节码完全可以正常运行在高版本的 JVM 上。

#### 4. 安全性

JVM 拥有工业级的稳定性和高度优化的性能，且经过了长时期的考验，使得 Java 可以很容易地构建防病毒、防篡改的系统，适用于网络/分布式环境。

#### 5. 高性能

Java 通过 JVM 的优化和 JIT（Just In Time，即时编译）技术提升运行效率。不仅如此，Java 还将一些“热点”字节码编译成本地机器码并存储在缓存中，在需要的时候重新调用，可以省去反复编译的过程，从而提高 Java 程序的执行效率。

#### 6. 分布式

Java 是专门为互联网设计的，支持网络上的各种应用程序。Java 拥有一个庞大的网络类库（java.net），支持各种网络阶层的联系，能够处理 TCP/IP 协议。Java 程序能够从网络 URL 中获取需要的资源，并加以处理。Java 还支持 RMI（Remote Method Invocation，远程方法调用），支持程序通过网络调用方法。

#### 7. 多线程

使用多线程可以带来更好的交互响应和实时行为。Java 内建的多线程（multi-thread）功能，支持同时执行多个线程，这也是 Java 成为主流服务器端开发语言的主要原因之一。

#### 8. 健壮性

Java 在吸收了 C/C++优点的同时，也去掉了其中影响程序健壮性的部分（如指针、内存的申请与释放等）。它提供了一种系统级线程跟踪存储空间分配情况的机制——GC（垃圾收集）。该机制会在 Java 程序运行过程中自动进行，在很大程度上减少了因为没有释放空间而导致的内存泄漏。Java 程序不会造成计算机崩溃，如果出现某种错误，则会抛出异常，只需要通过异常处理机制加以处理即可。

## 三、体系结构

根据不同的应用环境，Java 分为 3 个不同版本：Java SE、Java EE 和 Java ME。

Java SE（Java Standard Edition）称为标准版，定位为桌面级的应用和数据库的开发。这个版本是 Java 平台的核心，包含标准的 JVM 和标准库，提供了非常丰富的 API（用来开发一般个人计算机上的应用程序），包括用户界面接口 AWT 及 Swing，网络功能与国际化，图像处理功能及输入/输出支持等。20 世纪 90 年代末，在互联网上大放异彩的 Applet 也属于这个版本。

Java EE（Java Enterprise Edition）称为企业版，定位为服务器端的应用。Java EE 是 Java SE 的扩展，在 Java SE 的基础上增加了大量的 API 和用于服务器开发的类库。例如，可以让程序员直接在 Java 内使用 SQL 语句访问数据库的 JDBC；可以延伸服务器功能，通过请求-响应模式处理客户端请求的 Servlet；可以将 Java 程序代码内嵌在网页内的 JSP 技术，等等。Java EE 使用的虚拟机和 Java SE 的完全相同。

Java ME（Java Micro Edition）称为微型版，定位为消费性电子产品的应用，是一个针对嵌入式设备的"瘦身版"。Java ME 针对电子消费产品的需求精简了 Java SE 核心类库，也有自己的适合微小装置的扩展类。

因此，这 3 个版本之间的关系如图 1-1 所示。

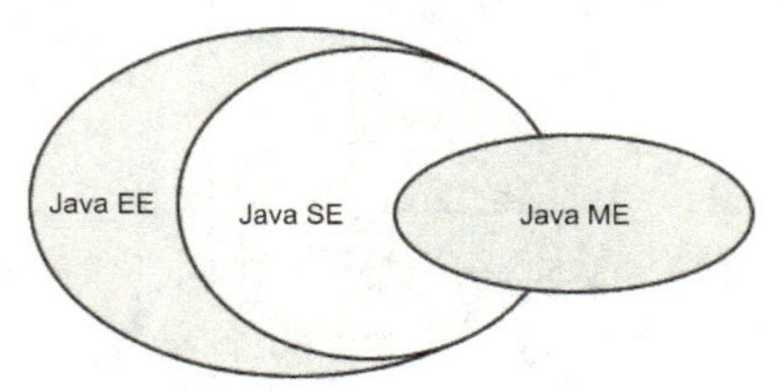


图 1-1　Java 的 3 个版本之间的关系

Java SE 是整个 Java 平台的核心，因此要学习 Java，就需要先学习 Java SE，掌握 Java 语法、Java 核心开发技术及 Java 标准库的使用。如果要使用 Java 开发 Web 应用，则需要进一步学习 Java EE，同时需要学习 Spring 框架、数据库开发和分布式架构。

虽然 Java ME 定位为用于嵌入式系统开发，但是目前用于开发移动平台应用的主流工具和标准为 Android。当然，读者可以根据自己的需求和喜好选择合适的开发版本。

遵从 Java 的学习路线，本书仅介绍 Java SE 的相关技术和操作。

## 四、JDK、JRE 和 JVM

在学习 Java 时，我们经常会看到或听到 JDK、JRE 和 JVM 这些名词，下面简要介绍一下这些名词的含义。

JDK 是 Java Development Kit 的缩写，也就是 Java 的开发工具包，除了包含 JRE，还提供了编译器、调试器等开发工具。

JRE 是 Java Runtime Environment 的缩写，也就是 Java 的运行环境，包含 JVM 和 Java 核心类库。

JVM 是 Java Virtual Machine 的缩写，也就是 Java 虚拟机，是整个 Java 实现跨平台的核心部分。

简单来说，JDK 是面向开发者的，是程序员在编写 Java 程序时使用的软件。JRE 是面向使用 Java 程序的用户的，是运行 Java 程序的用户使用的软件，可以将 Java 源码编译成 Java 字节码。JVM 是运行 Java 字节码的。

在运行 Java 程序时，所有的 Java 程序都会先被编译为.class 的类文件。这种类文件可以通过 JVM 调用解释所需要的类库 lib 来解释执行。.class 文件并不直接与机器的操作系统交互，而是经过 JVM 间接与操作系统交互，由 JVM 将程序解释并交由本地系统执行。

# 任务二　搭建 Java 开发环境

## 任务引入

了解了 Java 的特性，以及 Java 在服务器端应用和网络应用方面的优势，小白顿时有了学习兴趣，因为这与他毕业后的职业方向很契合。当然，学习 Java 程序设计的首要任务就是搭建 Java 开发环境。

## 知识准备

### 一、下载、安装 JDK

Java 程序必须运行在 JVM 上，所以，要学习 Java 开发，首先需要安装 JDK。JDK 包括用于开发和测试使用 Java 编写并在 Java 平台上运行的程序的工具。

本书使用的 Java 版本是 Java SE 平台的长期支持（LTS）版本——Java 17。Java 17 带来的不仅有新功能，还有更快的 LTS 节奏和免费的 Oracle JDK，使其成为有史以来支持最好的现代版本。

提示：长期支持（LTS）是一种产品生命周期管理策略。LTS JDK 的支持可以持续数年，而非 LTS JDK 的支持只能持续 6 个月，直到下一个非 LTS JDK 发行时为止。其他 LTS JDK 是 Java 8 和 Java 11。

（1）登录 Oracle 公司官网，下载 Java SE 的最新稳定版本。

在下载时，要根据自己的操作系统平台选择合适的 JDK 安装文件。本书选择适用于在 64 位的 Windows 操作系统中安装的 JDK 17 安装文件：jdk-17_windows-x64_bin.exe。

（2）下载完成后，双击下载的文件，启动安装向导，如图 1-2 所示。

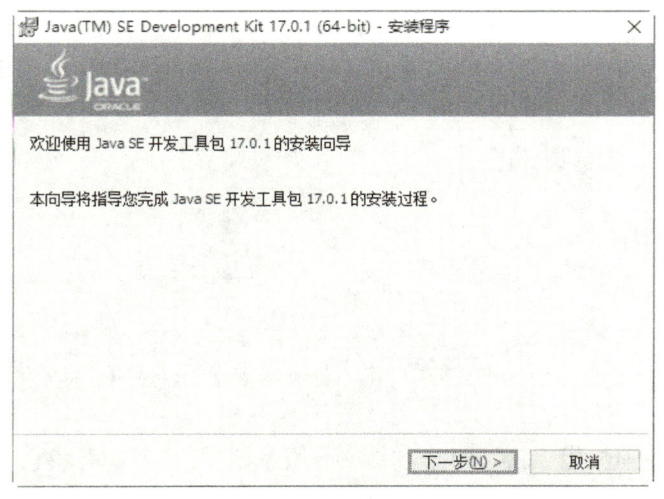


图 1-2　安装向导

（3）单击“下一步”按钮，选择安装 Java SE 的目标文件夹，如图 1-3 所示。默认安装到 C:\Program Files\Java\jdk-17.0.1\路径下，单击“更改”按钮，可以指定其他路径。

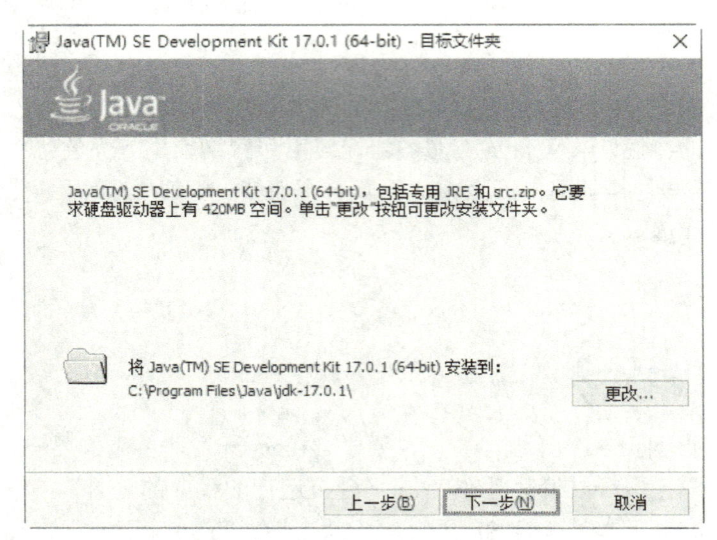


图 1-3　选择目标文件夹

提示：建议指定一个容易记忆的路径，在配置 JDK 时会用到这个安装路径。

（4）单击“下一步”按钮，开始安装程序，并显示进度条。在安装完成后，会显示如图 1-4 所示的安装完成界面。

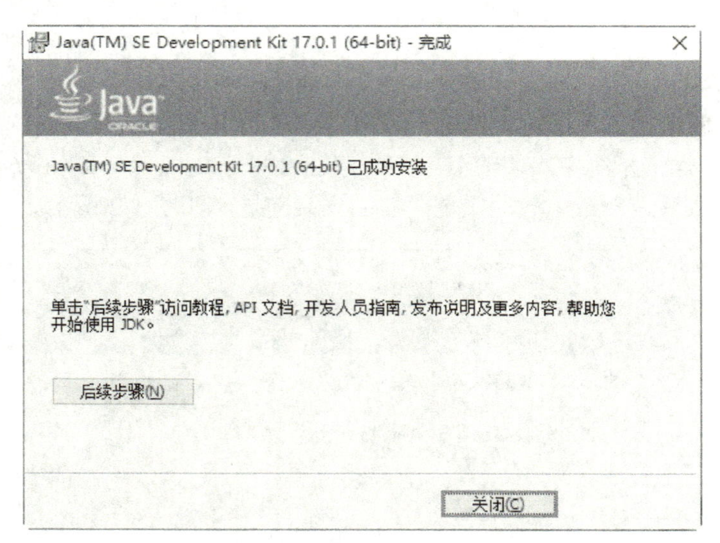


图 1-4　安装完成界面

（5）如果不需要访问 JDK 的官方文档，则单击安装向导中的“关闭”按钮，即可完成安装。

（6）按 Windows+R 组合键，打开如图 1-5 所示的“运行”对话框。

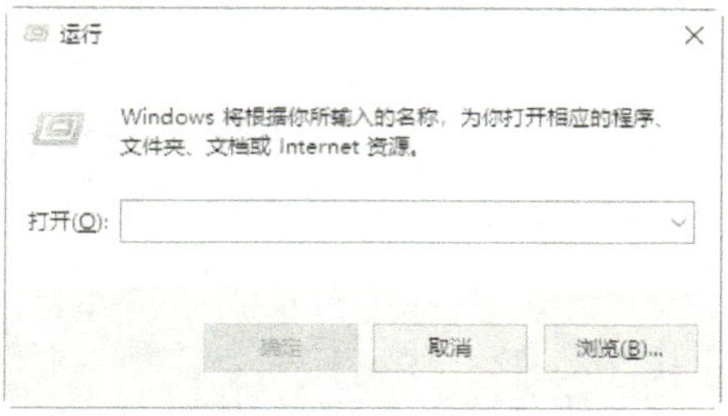

运行
Windows 将根据你所输入的名称，为你打开相应的程序、文件夹、文档或 Internet 资源。
打开(O):
确定
取消
浏览(B)...

图 1-5　“运行”对话框

（7）输入 cmd 命令，按 Enter 键，启动命令提示符窗口。然后输入 java -version 命令，按 Enter 键，即可查看安装的 JDK 版本，如图 1-6 所示。

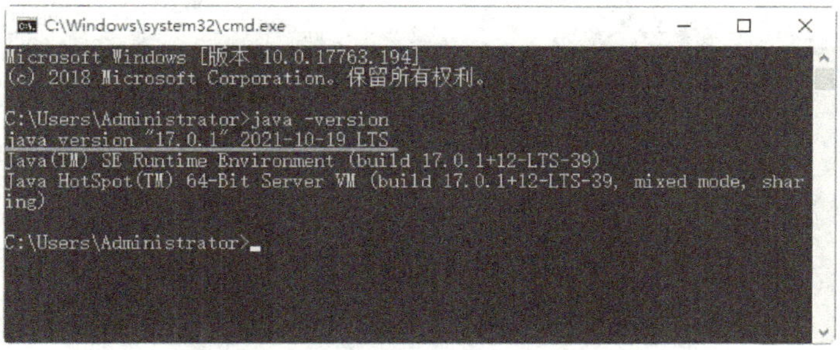

C:\Windows\system32\cmd.exe
Microsoft Windows [版本 10.0.17763.194]
(c) 2018 Microsoft Corporation。保留所有权利。
C:\Users\Administrator>java -version
java version "17.0.1" 2021-10-19 LTS
Java(TM) SE Runtime Environment (build 17.0.1+12-LTS-39)
Java HotSpot(TM) 64-Bit Server VM (build 17.0.1+12-LTS-39, mixed mode, sharing)
C:\Users\Administrator>

图 1-6　查看安装的 JDK 版本

## 二、使用 JDK 文档

Oracle 公司为 JDK 工具包提供了一整套文档资料，可被称为 JDK 文档。JDK 文档提供了 Java 中各种技术的详细资料，以及 JDK 中各种类的帮助说明，是程序员经常查阅的资料。

在 JDK 安装完成时，单击安装向导中的“后续步骤”按钮（见图 1-4），将打开浏览器，并显示当前 JDK 版本的官方文档，包括教程、API 文档、开发人员指南、发布说明及更多的相关资源，如图 1-7 所示。

JDK 17 Documentation
Help Center
Search
Home
API Documentation
Guides
Related Resources
Home / Java / Java SE / 17
JDK 17 Documentation
Home
Java Components page
Looking for a different release? Other releases
Overview
Read Me
Release Notes

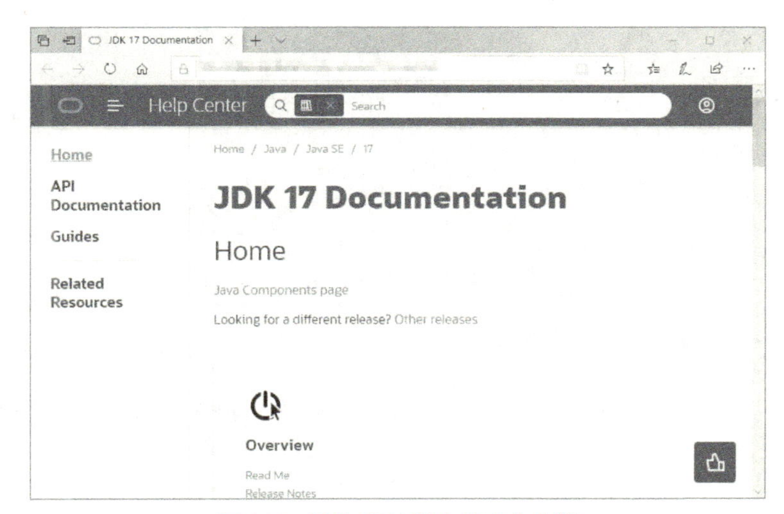

图 1-7　当前 JDK 版本的官方文档

提示：建议将该网站添加到收藏夹中进行收藏，方便以后查阅 JDK 的相关帮助说明。

上面打开的网页展示了在线的文档。为了方便随时浏览，还可以将该文档下载到本地。在浏览器地址栏中输入离线文档的网址，单击 jdk-17.0.1_doc-all.zip 链接文本，下载离线文档，如图 1-8 所示。

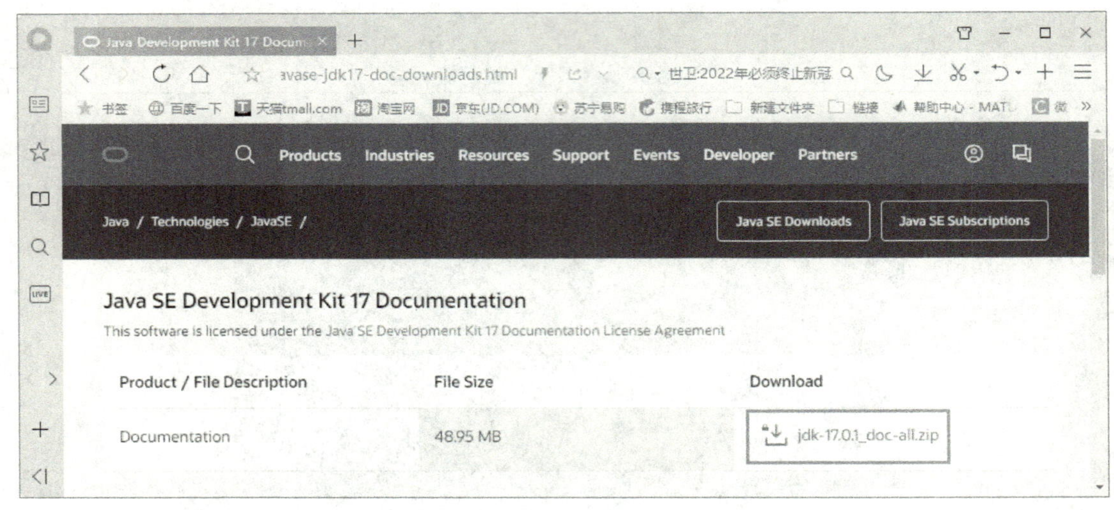


图 1-8 下载离线文档

下载离线文档并解压缩后，可以看到如图 1-9 所示的文档结构，双击其中的 index.html，即可打开文档。

图 1-9 文档结构

## 三、JDK 文档结构

Java SE 17 安装完成后，打开安装文件夹，可以看到如图 1-10 所示的文档结构。

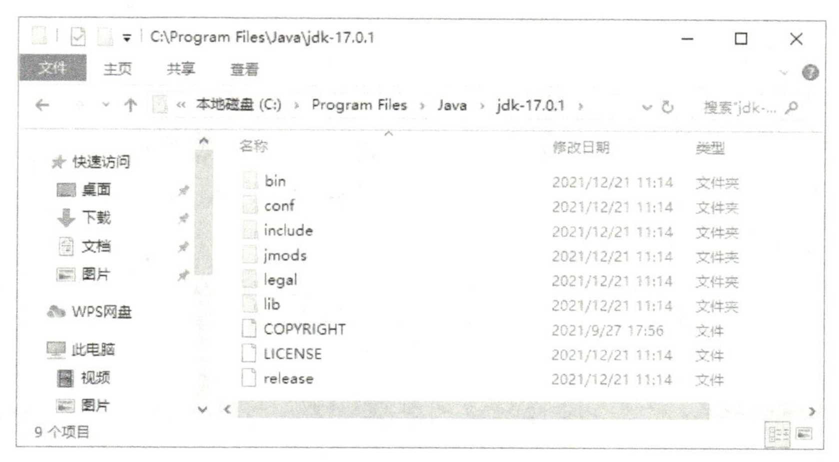


图 1-10　文档结构

其中，bin 文件夹可被看作 JVM，lib 文件夹则是 JVM 工作所需要的类库，这两者可被合称为 JRE。

打开 bin 文件夹，可以看到很多可执行程序，如图 1-11 所示。

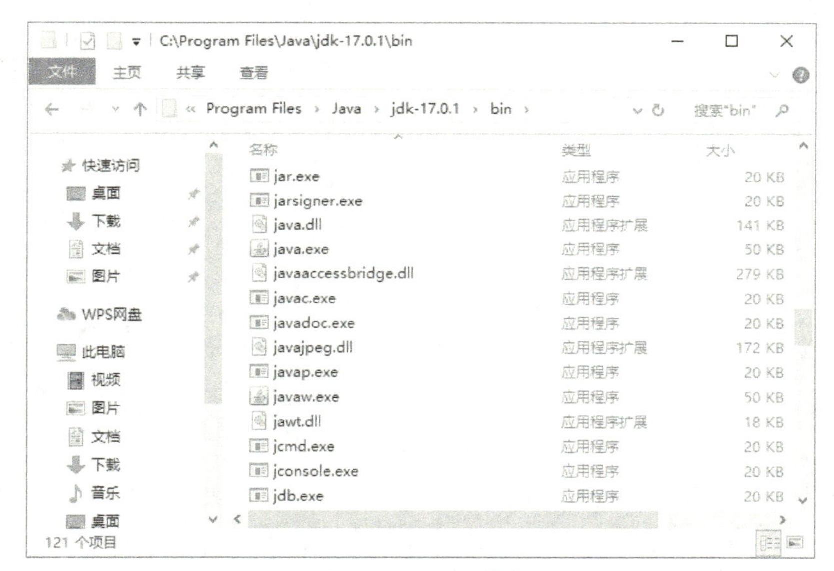


图 1-11　bin 文件夹

下面简要介绍几个很重要的可执行程序。

- java.exe：这个可执行程序其实就是 JVM，用于运行 Java 程序。
- javac.exe：Java 的编译器，用于把 Java 源码文件（以.java 为后缀）编译为 Java 字节码文件（以.class 为后缀）。
- jar.exe：打包工具，用于把一组.class 文件打包成一个.jar 文件，便于发布。
- javadoc.exe：文档生成器，用于从 Java 源码中自动提取注释并生成文档。
- jdb.exe：Java 调试器，用于开发阶段的运行调试。

## 四、配置 JDK

安装完 JDK 后，必须先配置系统环境变量才能使用 Java 开发环境。在 Windows 10 操作系统下，只需要配置环境变量 Path，以便系统在任何路径下都能识别 java 命令。

Path 变量用于在运行没有指定完整路径的程序时，告诉系统除了在当前路径下寻找，还可以到哪些路径下寻找该程序。

（1）首先在桌面上右击“此电脑”，并在弹出的快捷菜单中选择“属性”命令，然后在打开的“设置”窗口的右侧单击“高级系统设置”链接文本，打开“系统属性”对话框，如图 1-12 所示。

（2）单击“系统属性”对话框底部的“环境变量”按钮，打开如图 1-13 所示的“环境变量”对话框。

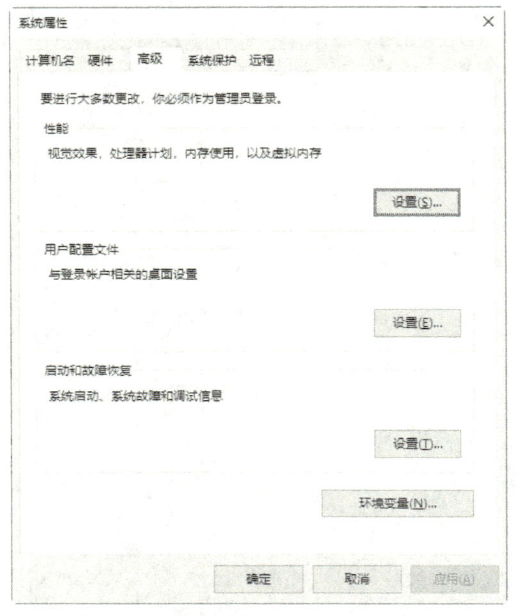


图 1-12 “系统属性”对话框

图 1-13 “环境变量”对话框

（3）在“系统变量”列表框中双击 Path 变量，打开如图 1-14 所示的“编辑环境变量”对话框。

（4）单击“编辑文本”按钮，打开“编辑系统变量”对话框，在“变量值”文本框中，将路径 C:\Program Files\Common Files\Oracle\Java\javapath 修改为 JDK 安装路径（如 C:\Program Files\Java\jdk-17.0.1\）的 bin 文件夹，如图 1-15 所示。

Path 变量是针对整个操作系统的，将 JDK 安装路径的 bin 文件夹添加到 Path 变量中，相当于在计算机中“注册”指定的路径，之后就可以在任意文件夹下运行 Java 了。

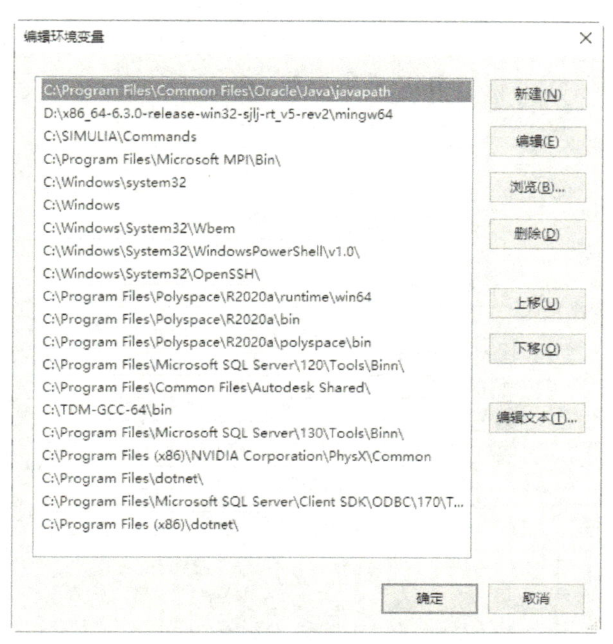


图 1-14　“编辑环境变量”对话框

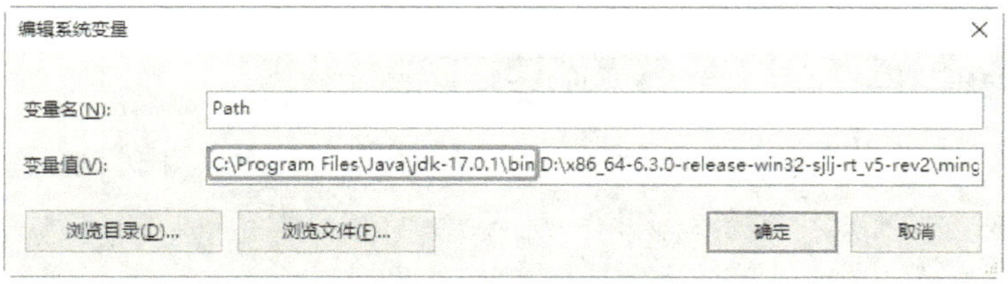

编辑系统变量
变量名(N):　Path
变量值(V):　C:\Program Files\Java\jdk-17.0.1\bin;D:\x86_64-6.3.0-release-win32-sjlj-rt_v5-rev2\ming
浏览目录(D)...　浏览文件(F)...　确定　取消

图 1-15　修改 Path 变量的变量值

（5）单击“确定”按钮，依次退出上述对话框，即可完成 JDK 的环境配置。

此时打开命令提示符窗口，输入 java 命令并按 Enter 键，如果输出了 java 命令的用法，则说明 JDK 的 Path 变量配置成功，如图 1-16 所示。

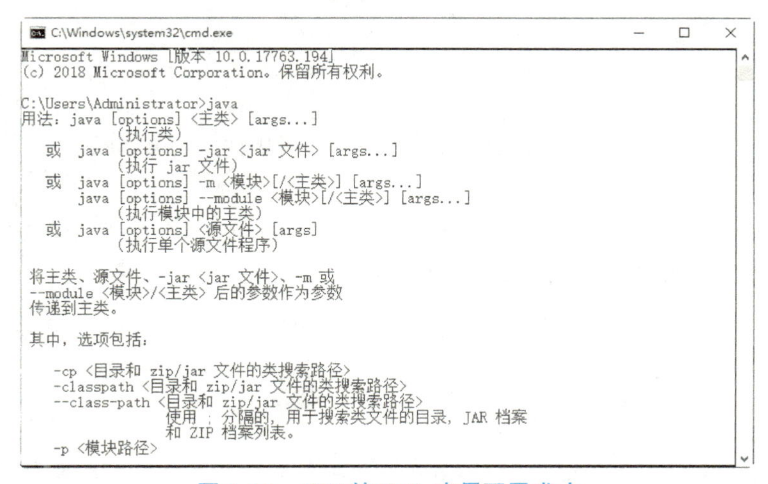


图 1-16　JDK 的 Path 变量配置成功

输入 javac 命令并按 Enter 键，可以查看 JDK 的编译器信息，包括 javac 命令的语法和参数选项，如图 1-17 所示，说明 JDK 环境搭建成功。

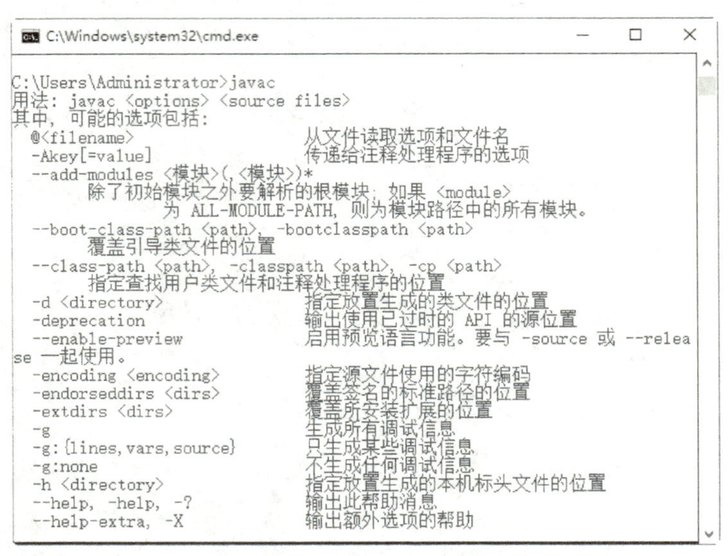


图 1-17　JDK 的编译器信息

## 案例——使用命令行工具编译和运行程序

搭建好 JDK 环境，就可以编译、运行 Java 程序了。本案例使用记事本编写一个简单的 Hello World 程序，并在命令提示符窗口中运行。

（1）打开记事本，输入如下代码：

```
public class Hello
{
    public static void main(String args[])
    {
       System.out.println("Hello World!");
    }
}
```

如果读者对 C++或 C#代码有所了解，就会发现上面的代码很眼熟。即使不熟悉也没关系，这里先不介绍代码的结构，读者只需要知道上面的代码会输出字符串"Hello World!"即可。

（2）将文件以文件名 Hello.java 保存到 D:\java_source\路径下。这里一定要注意文件的后缀.java，表示该文件是一个 Java 源程序文件。

**注意：**文件名应与程序中的类名相同，区分字母大小写。具体原因将在后续章节中说明。

接下来将该文件编译为字节码文件。

（3）按 Windows+R 组合键，打开“运行”对话框，输入 cmd 命令，如图 1-18 所示，按 Enter 键进入命令提示符窗口。

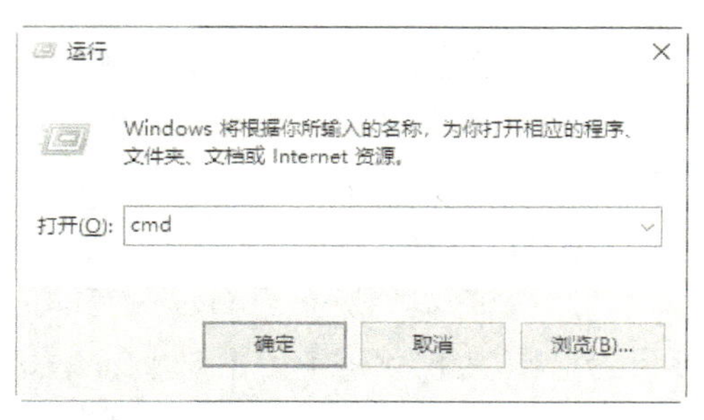


图 1-18　“运行”对话框

（4）在命令提示符窗口中输入 DOS 命令，将工作文件夹切换为 Java 文件所在的文件夹，输入 javac Hello.java 命令来编译程序，如图 1-19 所示。编译成功后，在源程序文件所在文件夹下可以看到生成的字节码文件 Hello.class，如图 1-20 所示。

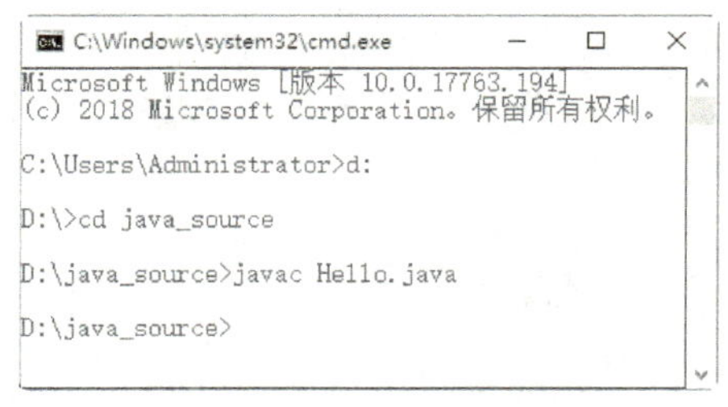


图 1-19　编译程序

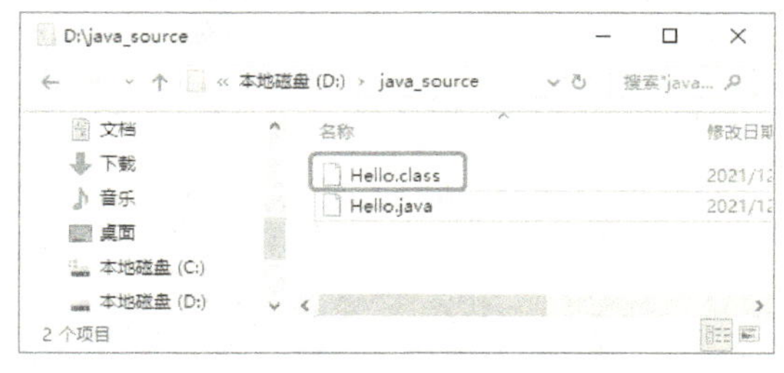


图 1-20　生成的字节码文件

字节码并不是真正的机器码，而是虚拟代码，所以要得到程序的运行结果，还需要使用解释程序进行解释执行。

（5）在命令提示符窗口中输入 java Hello 命令来运行程序，按 Enter 键即可输出运行结果，如图 1-21 所示。

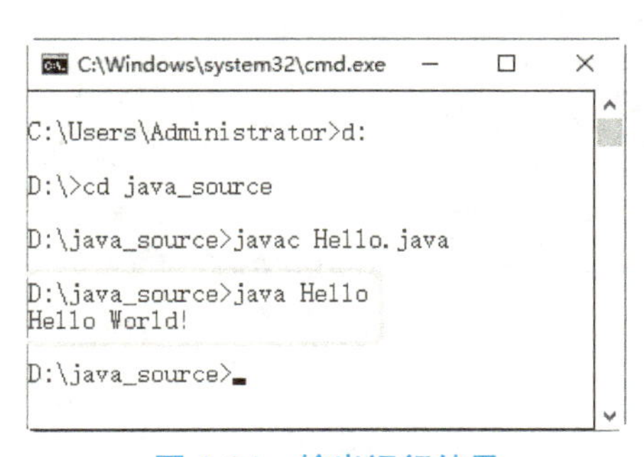


图 1-21　输出运行结果

注意：在使用 java 命令运行 Hello.class 文件时，不要带上文件的后缀.class，否则会出错。

## 五、下载集成开发环境 Eclipse

虽然使用记事本等文本编辑工具可以编写代码，但并不推荐使用这类工具，尤其是对初学者而言，不仅编码效率低，还容易出错，不易维护。集成开发环境（Integrated

Development Environment，IDE）集应用程序源代码的编辑、组织、编译、调试、运行等功能于一身，具有代码自动提示功能，而且在代码被修改后可以自动重新编译并直接运行，从而极大地提高了开发效率。下面介绍目前用于 Java 开发的流行 IDE——Eclipse。

Eclipse 是由 IBM 开发并捐赠给开源社区的一个 IDE，是一个开放、可扩展且跨平台的自由集成开发环境。Eclipse 的特点是它本身是基于 Java 编写的，并且基于插件结构提供了实时代码纠错功能，以便用户更快地定位代码中的错误。Eclipse 的发行版提供了预打包的开发环境，包括 Java、Java EE、C++、PHP、Rust 等。在开发 Java 应用时，我们需要下载的版本是 Eclipse IDE for Java Developers。

（1）登录 Eclipse 官网的下载界面，单击如图 1-22 所示的 Download Packages 链接文本。

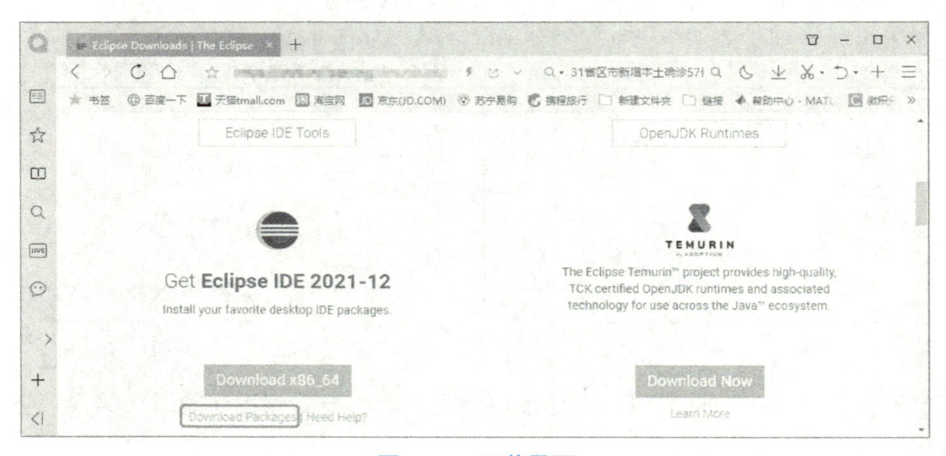


图 1-22　下载界面

（2）在打开的下载界面中，找到 Eclipse IDE for Java Developers 选项，并根据操作系统选择对应的下载链接来下载 IDE，如图 1-23 所示。

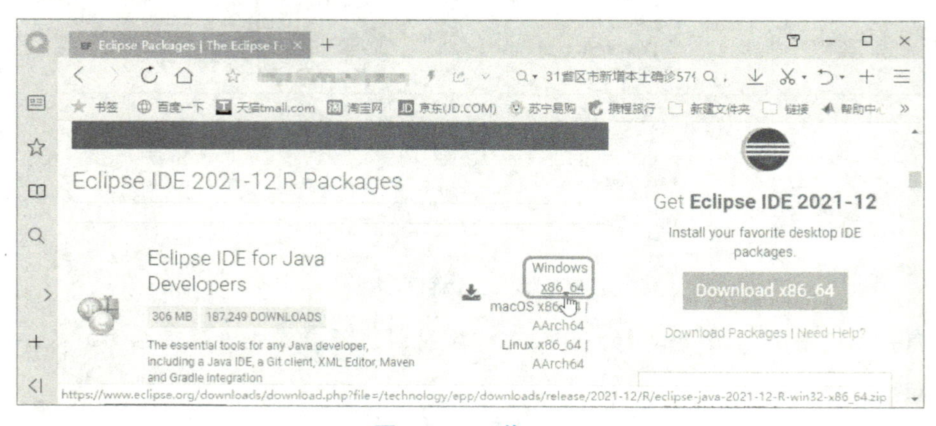


图 1-23　下载 IDE

（3）在打开的下载界面中单击 Download 按钮，即可开始下载 Eclipse 的压缩包，如图 1-24 所示。

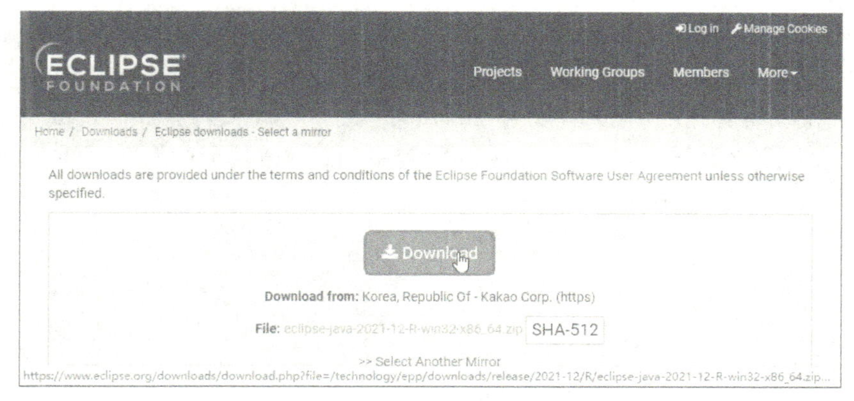


图 1-24　下载 Eclipse 的压缩包

Eclipse 服务器会根据客户端所在的地理位置分配用于下载的镜像站点，如果在指定的镜像站点中不能下载，则可以单击 Select Another Mirror 链接文本，在展开的镜像站点列表中选择合适的镜像站点进行下载。

（4）下载完成后，将压缩包解压缩到合适的文件夹下，无须安装就可使用了。

从官网下载的 Eclipse 默认为英文版，对于英语不好的初学者来说，其界面不太友好。好在 Eclipse 官方还提供了多国语言包插件（可将语言转换为简体中文）。英语不好的初学者可以使用简体中文版。当然，我们建议英语好的读者使用更稳定的英文版。下面介绍语言包的下载及语言的转换。

① 打开浏览器，进入 Eclipse Babel Project Downloads 界面。在语言包列表中单击与 Eclipse 相同版本的链接文本，如图 1-25 所示。

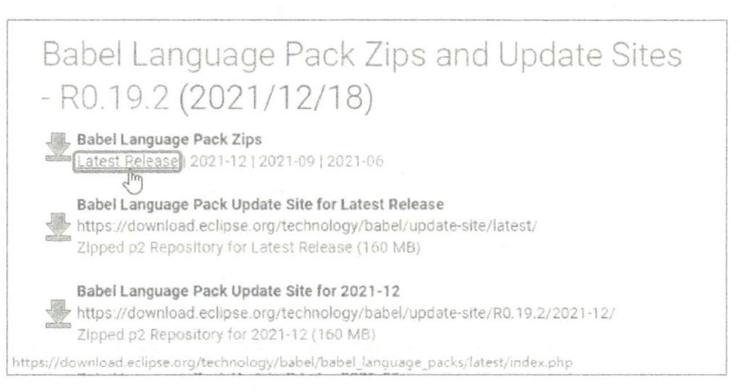


图 1-25　选择语言包版本

② 在打开的界面中定位到简体中文——Language:Chinese(Simplified)，并单击以 BabelLanguagePack-eclipse-zh 为前缀的语言包链接文本，如图 1-26 所示。

- BabelLanguagePack-webtools-ca_4.22.0.v20211218020001.zip (0.01%)

Language: Chinese (Simplified)

- BabelLanguagePack-datatools-zh_4.22.0.v20211218020001.zip (75.99%)
- BabelLanguagePack-eclipse-zh_4.22.0.v20211218020001.zip (83.85%)
- BabelLanguagePack-modeling.emf-zh_4.22.0.v20211218020001.zip (65.52%)
- BabelLanguagePack-modeling.graphiti-zh_4.22.0.v20211218020001.zip (23.4%)
- BabelLanguagePack-modeling.mdt.bpmn2-zh_4.22.0.v20211218020001.zip (30.66%)
- BabelLanguagePack-modeling.tmf.xtext-zh_4.22.0.v20211218020001.zip (56.38%)
- BabelLanguagePack-mylyn-zh_4.22.0.v20211218020001.zip (45.55%)

www.eclipse.org/downloads/download.php?file=/technology/babel/babel_language_packs/latest/BabelLang...

图 1-26　选择要下载的语言包

③ 单击链接文本后，Eclipse 服务器通常会根据客户端所在的地理位置分配用于下载的镜像站点，单击 Download 按钮，即可开始下载指定的语言包。

④ 下载的语言包是一个压缩包，解压缩后可以生成两个文件夹，即 features 和 plugins。将这两个文件夹复制到解压缩的 Eclipse 压缩包中，并覆盖同名的两个文件夹，如图 1-27 所示，即可完成语言的转换。

图 1-27　覆盖同名的两个文件夹

出于稳定性和一致性的考虑，本书以英文版 Eclipse 为平台介绍 Java 程序的开发方法。

## 六、配置 Eclipse 工作空间

下载并解压缩 Eclipse 压缩包后，要正常使用 Eclipse，还需要对 IDE 环境进行一些基本配置。

（1）双击解压缩文件夹中的 eclipse.exe 文件，启动 Eclipse，弹出如图 1-28 所示的 Eclipse IDE Launcher 对话框。

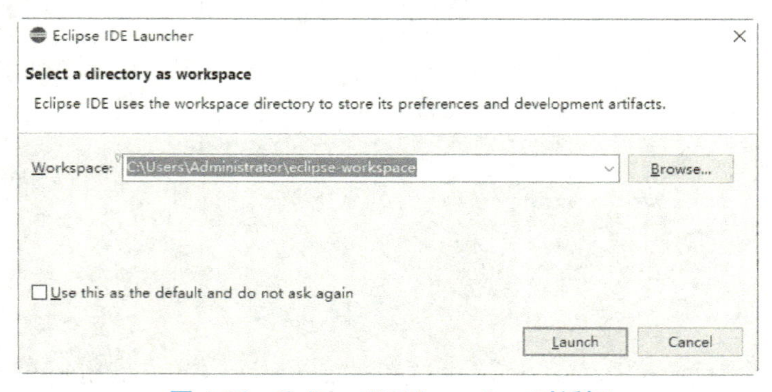


图 1-28　Eclipse IDE Launcher 对话框

（2）单击 Browse 按钮，设置开发环境的工作空间。在默认情况下，每次启动 Eclipse 时都会弹出这个对话框，如果不希望每次启动 Eclipse 时都弹出这个对话框来询问工作空间的设置，则勾选 Use this as the default and do not ask again 复选框。

指定工作空间路径后，后续在 Eclipse 中创建的项目都会保存在该路径下。

（3）单击 Launch 按钮，即可启动 Eclipse。在初次启动 Eclipse 时，会显示如图 1-29 所示的欢迎界面。

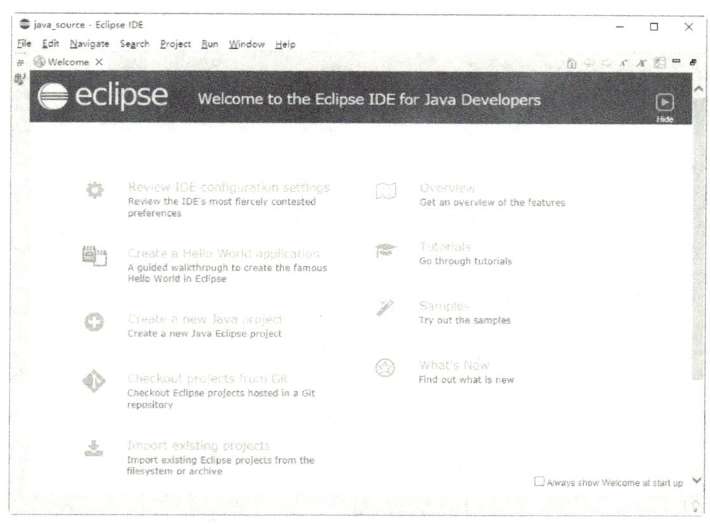


图 1-29　欢迎界面

欢迎界面提供了访问某些常用功能的快捷方式，如果希望每次启动时都显示欢迎界面，则勾选右下角的 Always show Welcome at start up 复选框。

至此，Eclipse 配置完成。读者可以根据自己的编码喜好选择是否进行以下步骤。

（4）在菜单栏中选择 Window→Preferences 命令，打开 Preferences 对话框。在左侧窗格中选择 General→Workspace 选项，勾选 Refresh using native hooks or polling 复选框，如图 1-30 所示，这样 Eclipse 就会自动刷新文件夹的更改。

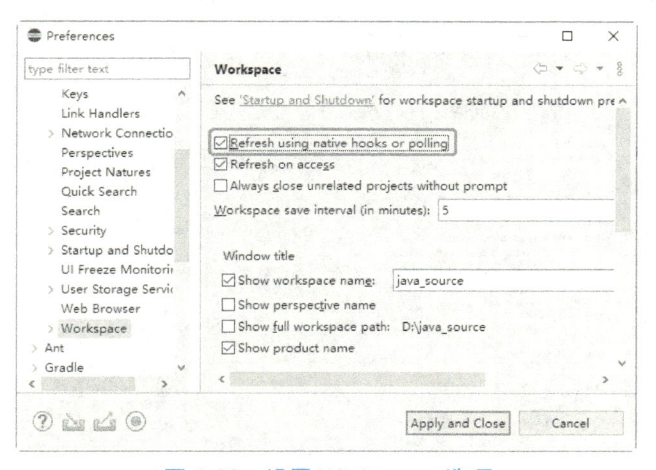


图 1-30　设置 Workspace 选项

（5）拖动对话框右侧的滚动条，定位到 Workspace 选项面板的 Text file encoding 选项组，如果 Default 选项中不是 UTF-8，则建议选中 Other 单选按钮，在其右侧的下拉列表中选择 UTF-8 选项，使所有文本文件采用 UTF-8 编码方式；在 New text file line delimiter 选项组中选中 Other 单选按钮，在其右侧的下拉列表中选择 Unix 选项，这样换行符就会使用 UNIX 操作系统的\n 而不是 Windows 操作系统的\r\n，如图 1-31 所示。

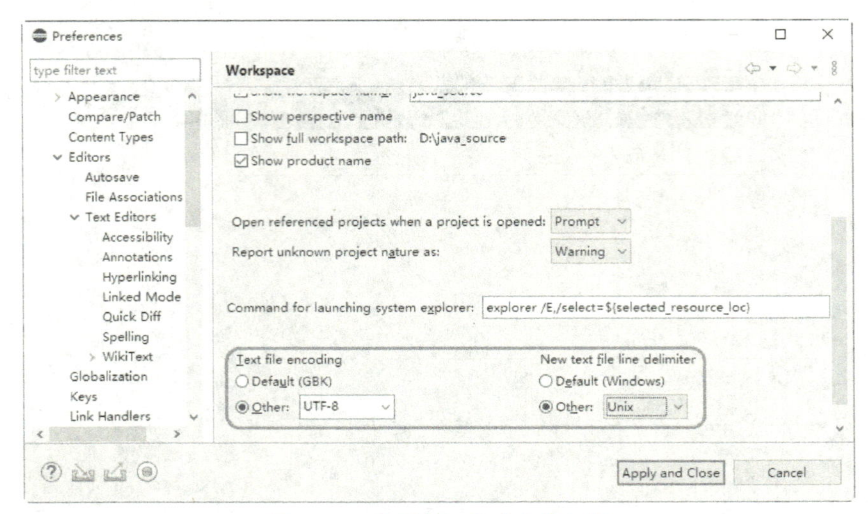

图 1-31　设置编码方式和换行符

（6）在左侧窗格中选择 Java→Compiler 选项，取消勾选 Use default compliance settings 复选框，并勾选 Enable preview features for Java 17 复选框，如图 1-32 所示，以便使用 Java 17 的预览功能。

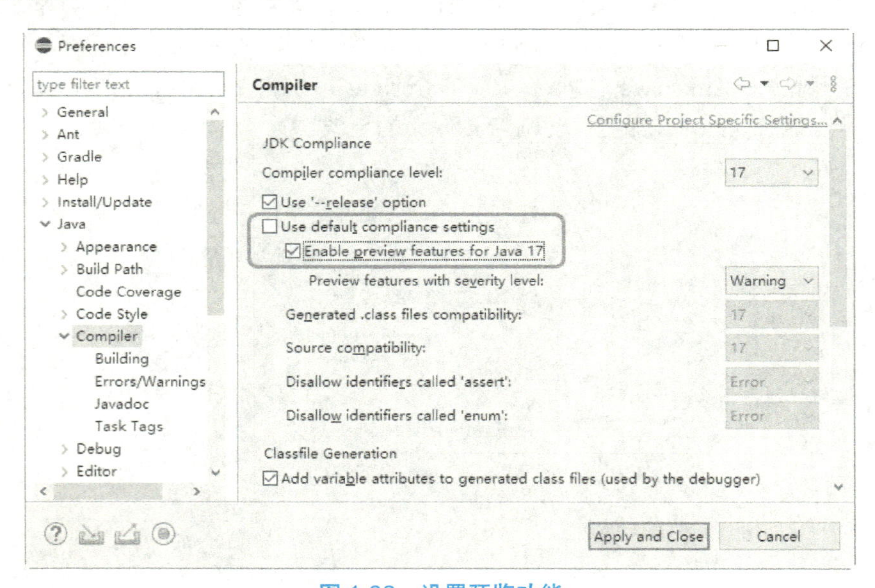

图 1-32　设置预览功能

（7）设置完成后，单击 Apply and Close 按钮，应用上述设置并关闭对话框。

## 案例——使用 Eclipse 编译和运行程序

本案例先使用 Eclipse 创建 HelloWorld 项目，然后编译并运行相应程序，帮助读者熟悉 Eclipse 的工作环境和程序的运行方式。

（1）启动 Eclipse，关闭欢迎界面，进入 Eclipse 的工作界面，如图 1-33 所示。

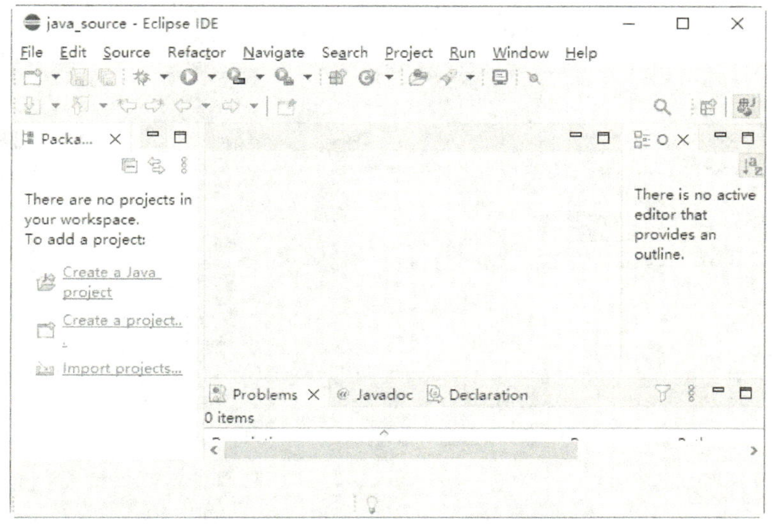


图 1-33 Eclipse 的工作界面

（2）单击 Package Explorer 窗格中的 Create a Java project 链接文本，或者在 Package Explorer 窗格的空白处右击，在弹出的快捷菜单中选择 New→Java Project 命令，打开 New Java Project 对话框。在 Project name 文本框中输入项目名称，即 HelloWorld，并保持其他选项的默认设置，如图 1-34 所示。

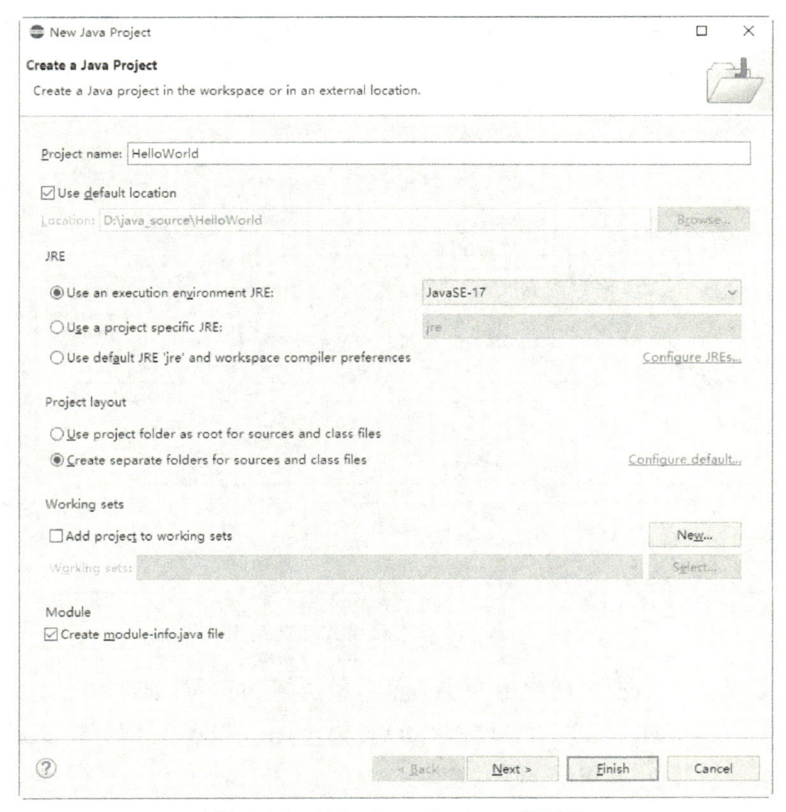


图 1-34 New Java Project 对话框

（3）单击 Finish 按钮，打开 New module-info.java 对话框，如图 1-35 所示。

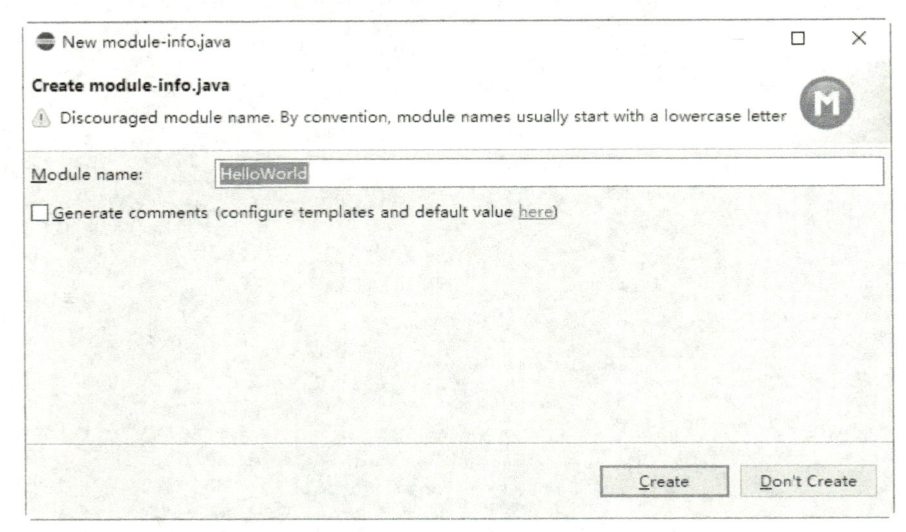


图 1-35　New module-info.java 对话框

该对话框用于新建模块化声明文件。模块化开发比较复杂，且新建的模块化声明文件会影响 Java 项目的运行，因此通常不建议初学者创建模块化声明文件。

（4）单击 Don't Create 按钮关闭对话框，即可完成 Java 项目的创建。此时，在 Package Explorer 窗格中可以看到创建的 HelloWorld 项目。展开该节点，其中的 src 为项目的源代码文件夹，如图 1-36 所示。

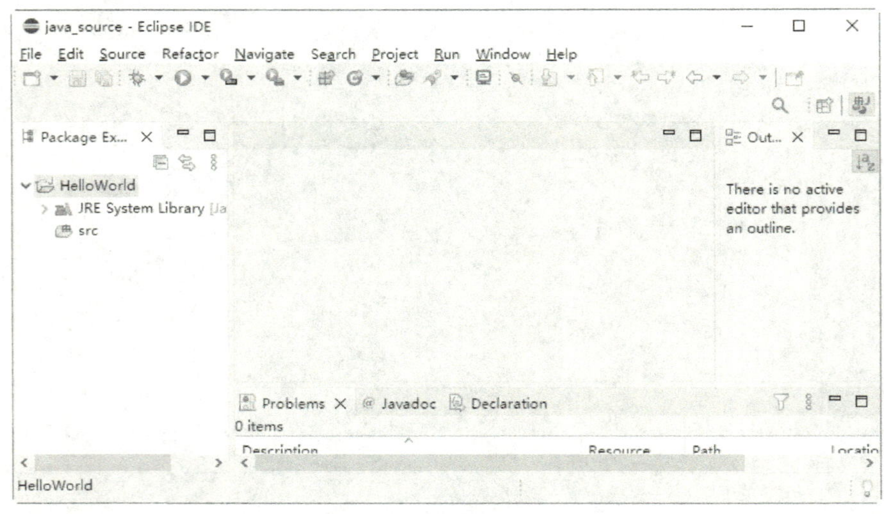


图 1-36　创建的 HelloWorld 项目

（5）在 src 节点上右击，在弹出的快捷菜单中选择 New→Class 命令，打开 New Java Class 对话框。在 Name 文本框中输入类的名称，即 Hello，并勾选 public static void main(String[] args)复选框，如图 1-37 所示。

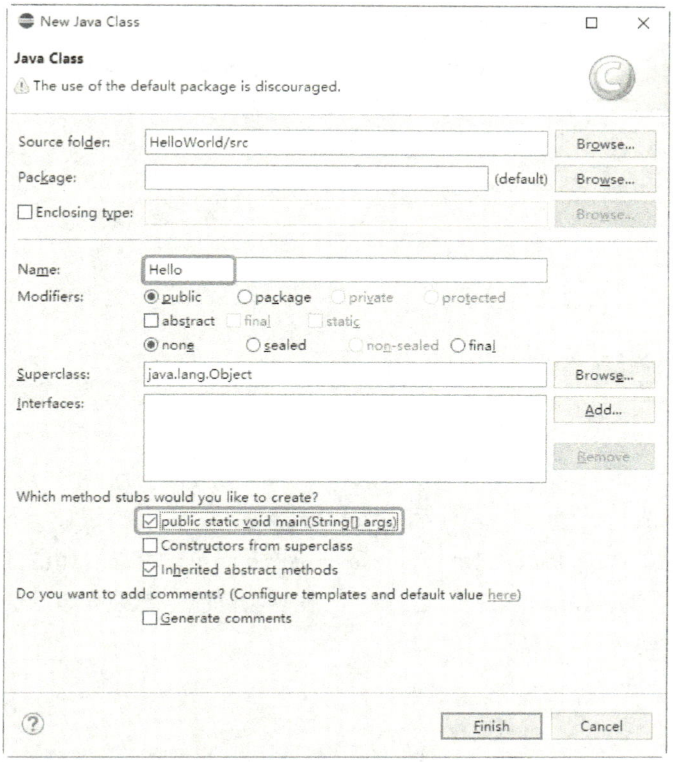

New Java Class

Java Class

The use of the default package is discouraged.

Source folder: HelloWorld/src　Browse...

Package: (default)　Browse...

Enclosing type:　Browse...

Name: Hello

Modifiers: public　package　private　protected

abstract　final　static

none　sealed　non-sealed　final

Superclass: java.lang.Object　Browse...

Interfaces:　Add...　Remove

Which method stubs would you like to create?

public static void main(String[] args)

Constructors from superclass

Inherited abstract methods

Do you want to add comments? (Configure templates and default value here)

Generate comments

Finish　Cancel

图 1-37　创建类

勾选 public static void main(String[] args)复选框后，在创建类时，会自动为该类添加 main()方法，使该类成为可以运行的主类。

（6）单击 Finish 按钮，即可创建 Hello 类。此时在 Eclipse 的编辑器中可以看到自动添加的结构代码，在 src 节点下可以看到创建的 Hello.java 文件，如图 1-38 所示。

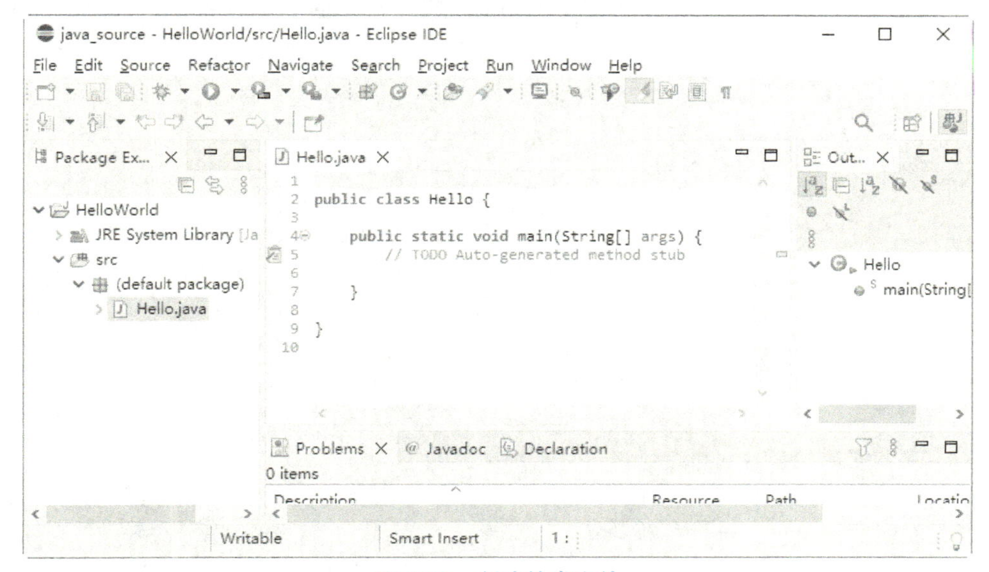


图 1-38　创建的类文件

（7）在编辑器中编辑 main()方法的代码，例如，在 Console（控制台）窗格中输出文本“Hello World!”，如图 1-39 所示。在编辑过程中，Eclipse 会同时进行编译工作，生成的.class 文件在项目的 bin 文件夹下可以看到，如图 1-40 所示。

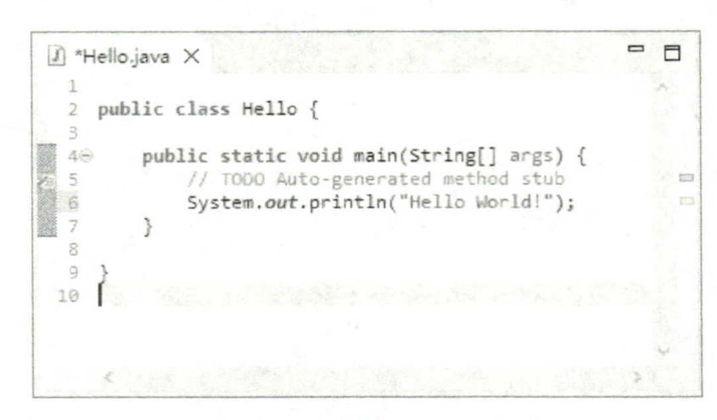


图 1-39　编辑 main()方法

图 1-40　生成的.class 文件

源代码编译完成后，就可以运行程序了。

（8）在工具栏中选择 Run→Run As→Java Application 命令，如图 1-41 所示，或者在 main()方法所在的 Hello.java 文件上右击，在弹出的快捷菜单中选择 Run As→Java Application 命令，即可运行程序。

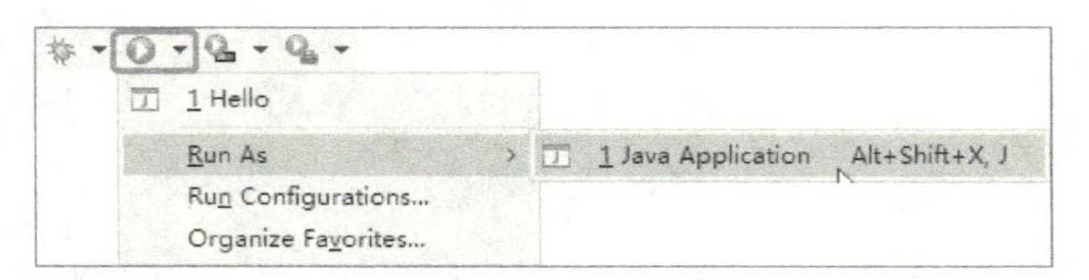


图 1-41　运行程序

如果在运行前没有保存项目中的资源文件，则会弹出如图 1-42 所示的 Save and Launch 对话框，勾选要保存的资源文件对应的复选框后，单击 OK 按钮，即可开始运行程序。

（9）运行结束后，在编辑器下方的 Console 窗格中可以看到运行结果，如图 1-43 所示。

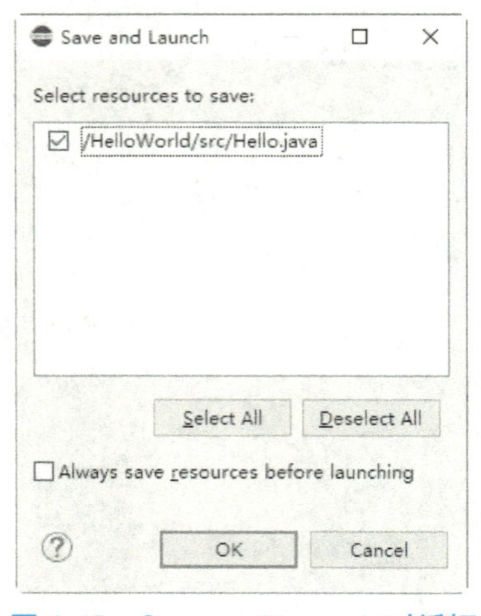


图 1-42　Save and Launch 对话框

图 1-43　运行结果

## 项目总结

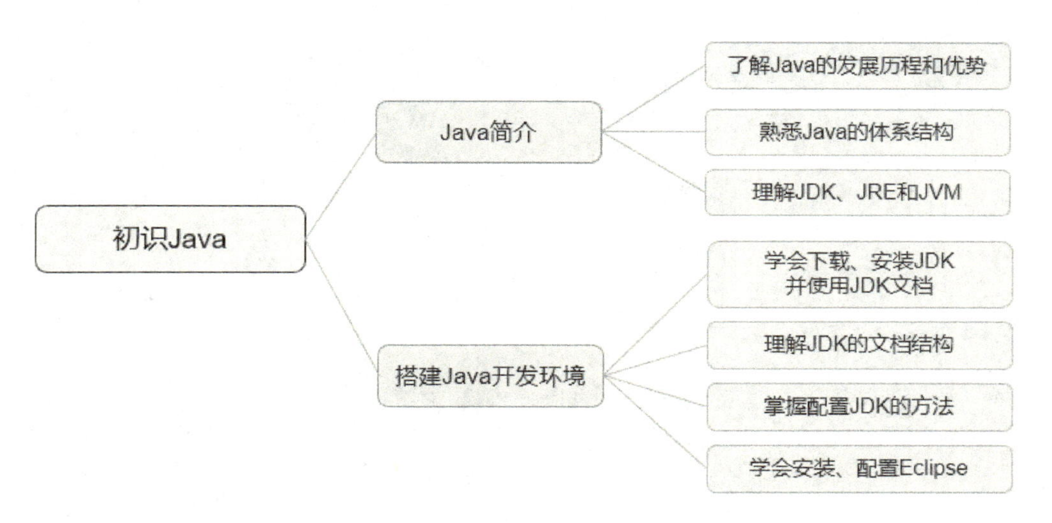


本项目简要介绍了 Java 语言的特性和在 Windows 操作系统中搭建 Java 环境的操作方法，以及在命令行和 IDE 中运行 Java 程序的基本步骤。通过本项目的学习，读者可以了解 Java 的特性和开发工具。

搭建 Java 开发运行环境是本项目的重点，读者应熟练掌握。

## 习　　题

1．在 Windows 操作系统中安装、配置 JDK。

2．模仿本项目中的案例，编写一个 Java 程序来输出一个字符串，并分别使用命令行和 Eclipse 运行。

# 项目二 Java 语言基础

## 思政目标

- 认识遵循规范的重要性，培养严谨、求实的学习态度。
- 培养学生对 Java 的兴趣及自主探索能力。

## 技能目标

- 掌握 Java 的程序结构、常量和变量等基本语法。
- 能够使用基本数据类型创建变量，并进行类型转换。
- 能够使用运算符、表达式和输入/输出语句实现简单的程序应用。

## 项目导读

“工欲善其事，必先利其器。”要想使用一种语言，首先需要掌握这种语言的基本语法和语法规则，才能写出合法的程序。熟练掌握 Java 的基本语法和语法规则，能为我们在后续的学习、工作中编写简洁、高效的程序代码奠定良好的基础。

## 任务一 基本语法

### 任务引入

作为一名计算机学院的学生，小白虽然已经接触过一些简单的编程语言，但是毕竟对于不同的语言来说，编码规则不尽相同。因此，小白认为有必要先弄明白 Java 的程序结构、标识符、关键字、常量和变量，以及代码注释等基本语法。

## 知识准备

### 一、程序结构

Java 程序由类组成，后缀为.java。一个完整的 Java 程序可包含若干个类，而最简单的 Java 程序只包含一个类，例如，之前创建的 Hello.java 文件：

```
1  public class Hello {
2      public static void main(String[] args) {
3          //TODO Auto-generated method stub
4          System.out.println("Hello World!");
5      }
6  }
```

虽然这段程序很简单，但是我们可以通过它了解 Java 的程序结构。

第 1 行和第 6 行的代码定义了一个名称为 Hello 的类。类使用关键字 class 定义；class 后面连接类的名称 Hello；修饰符 public 表明该类是公共类；类体包含在一对花括号{}中。

类定义的一般格式如下：

```
修饰符  class  类名{
    public static void main(String[] args){
    //程序代码
    }
}
```

注意：Java 是严格区分字母大小写的，例如，如果将 public 写成 Public，则 Eclipse 在编译时会报错。

如果在一个 Java 程序中定义多个类，则需要注意类的名称必须唯一，且只能使用 public 修饰一个类。不仅如此，Java 程序的主文件名必须与使用 public 修饰的类的名称完全相同，包括大小写也应一样。

第 2 行到第 5 行是 Hello 类的内容定义。每一个 Java 程序应至少有一个带有 main()方法的类，它是执行程序的入口。

main()方法由方法头和包含在一对花括号{}中的方法体组成。方法头的写法是固定的，只有参数名 args 可以修改。方法体中的程序代码是用于执行某个任务的表达式按照逻辑顺序组织在一起的一条或多条语句，且每条语句均以分号;结束。

第 3 行是程序注释。注释分为单行注释和多行注释。

### 二、标识符

在编写程序时，通常需要使用一些符号名称来定义类名、常量名、变量名、方法名、参数名等。这些符号名称就是标识符。

Java 的标识符是由字母、数字、下画线_和美元符号$按照任意顺序组成的字符序列，不能以数字开头，且区分字母大小写，也不能是 Java 中的保留关键字。

例如，下面的标识符是合法的：

- Student
- _roomNum
- $_redcat
- $book_author

下面的标识符是不合法的：

- 52House　　　　　//以数字开头
- class　　　　　　//使用了保留关键字
- Custom Name　　　//包含空格

虽然只要标识符合法就可以通过编译，但是为了增强代码的可读性，建议标识符使用有意义的名称，实现“见名知义”，并遵循一定的命名规则，如驼峰命名法（Camel-Case）。驼峰命名法是编写程序代码时的一套命名规则（惯例），是指混合使用大小写字母来构成变量名和函数名的方法。当变量名或函数名是由一个或多个单词构成的唯一标识符时，第 1 个单词的首字母小写，从第 2 个单词开始每个单词的首字母大写，如 myFirstPage、allStudentName。这样的变量名看上去就像驼峰一样此起彼伏。

Java 常用的命名规范如下。

- 类名、接口名：每个单词的首字母大写，如 HelloWorld、MyFirstClass。
- 常量名：所有字母均大写，多个单词之间可以使用下画线连接，如 TOTALNUM、BOOK_AMOUNT。
- 方法名，变量名：第 1 个单词的首字母小写，从第 2 个单词开始每个单词的首字母大写，如 getStudentName、studentId。方法名常使用动词。
- 包名：所有字母均小写，不遵循驼峰命名法，如 java.util。

这里需要读者注意的是，字母的范围比较宽泛，不仅包含常见的英文字符，还可以包含其他语言的字符，如俄文、日文等，当然也包括中文。但是本书并不建议使用中文命名标识符，因为 Java 是一种跨平台的开发语言，使用中文命名的标识符在某些不包含指定字符编码集的平台上会显示为乱码。

## 三、关键字

Java 的关键字是指被 Java 赋予了特殊含义，具有专门用途的单词，也被称为保留字，不能用作标识符。

提示：Java 中所有关键字都采用小写形式。在 Eclipse 的编辑器中，关键字显示为紫色、粗体形式的单词。

目前，Java 的关键字如表 2-1 所示。

表 2-1　Java 的关键字

| 用于定义数据类型的关键字 | | | | | |
|---|---|---|---|---|---|
| class | interface | enum | byte | short | int |
| long | float | double | char | boolean | void |
| 用于定义流程控制的关键字 | | | | | |
| if | else | switch | case | default | while |
| do | for | break | continue | return | |
| 用于定义访问权限修饰符的关键字 | | | | | |
| private | protected | public | | | |
| 用于定义类、函数、变量修饰符的关键字 | | | | | |
| abstract | final | static | synchronized | | |
| 用于定义类与类之间关系的关键字 | | | | | |
| extends | implements | | | | |
| 用于定义建立实例、引用实例及判断实例的关键字 | | | | | |
| new | this | super | instanceof | | |
| 用于处理异常的关键字 | | | | | |
| try | catch | finally | throw | throws | |
| 用于包的关键字 | | | | | |
| package | import | | | | |
| 其他修饰符关键字 | | | | | |
| native | strictfp | transient | volatile | assert | |

## 四、常量和变量

在程序设计语言中，常量和变量都是用于存储数据的容器。它们的唯一区别是：常量中存放的值不允许被更改，而变量中存放的值可以被更改。

### 1. 常量

在 Java 中，利用关键字 final 定义常量。常量在定义时必须被赋值，且之后不能被重新赋值或更改。具体的语法格式如下：

```
final 数据类型 常量名 = 值;
```

通常常量名的所有字母均为大写形式，如果使用多个单词作为标识符，则用下画线_连接。例如，下面的代码声明了常量 TOTAL 为 int 类型，值为 54：

```
final int TOTAL = 54;
```

### 2. 变量

变量是为存储数据而创建的标识符，可以为函数和语句提供可变的参数值。变量可以被理解为存放数据的容器，虽然容器本身都是相同的，但是其中的内容可以被修改。

变量作为程序中最基本的存储单元，其要素包括变量名、变量类型和作用域。在使用变量前必须对其进行声明，只有在声明变量后，才能为其分配相应长度的存储空间。

在 Java 中，声明变量的语法格式如下：

```
数据类型 变量名;
数据类型 变量名 = 值;
```

第 1 种格式是声明变量的基本格式，第 2 种格式在声明变量的同时声明了一个初始值，且初始值的类型必须与前面的数据类型相兼容。例如：

```
double pi = 3.14;           //为double类型的变量pi赋予的初始值为3.14
String name = "Lily";       //为string类型的变量name赋予的初始值为"Lily"
boolean isVIP = false;      //为boolean类型的变量isVIP赋予的初始值为false
```

在声明变量时，可一次为多个变量赋予初始值，例如：

```
int num_1 = 10 , num_2 = 20 ;
int num_1,num_2;
```

如果只声明了变量但没有对其进行赋值，则在使用该变量时会出错。在实际编程时，为了增强程序的可读性，建议读者在编程过程中每次只声明一个变量并为一个变量赋值。此外，还要注意变量的作用域，也就是作用范围。变量的作用范围以离它最近的一对花括号{}为标志。

## 案例——输出变量的值

本案例通过输出变量的值来演示变量的定义和使用方法。

（1）在 Eclipse 中新建一个 Java 项目 varDemo，右击 src 节点，从弹出的快捷菜单中选择 New→Class 命令，新建一个名称为 varTest 的类，所在包的名称为 ch02。

（2）在编辑器中输入代码，声明变量并输出。具体代码如下：

```
package ch02;

public class varTest {
    public static void main(String[] args) {
        //声明字符串变量name，并赋初值为"Tom"
        String name = "Tom";
        //声明整型变量age
        int age;
        //为变量age赋值
        age=3;
        //输出包含变量值的字符串
        System.out.println(name+" is "+age+" years old!");
        //修改变量age的值
        age=age+1;
        //输出包含变量值的字符串
        System.out.println(name+" is "+age+" years old now!");
    }
}
```

（3）右击 varTest.java 文件，在弹出的快捷菜单中选择 Run As→Java Application 命令，在 Console 窗格中可以看到输出结果，如图 2-1 所示。

```
<terminated> varTest [Java Application] D:\软件\eclipse-java-2021-12
Tom is 3 years old!
Tom is 4 years old now!
```

图 2-1　输出结果

## 五、代码注释

代码注释是使用一些简单、易懂的语言对代码进行简单解释的方法。在程序中添加注释可以增强代码的可读性，便于读者理解代码。使用注释还可以注销不希望参与执行的代码。注释的语句在程序执行时会被编译器忽略，对代码的执行没有影响。

Java 中包含 3 种注释符。

### 1. 单行注释符：//

单行注释以两个单斜杠//开头，之后的该行内容均为注释内容。例如：

```
//这是注释，但是只能有一行
int displayTotal;                                   //显示得分
System.out.println("Your score is "+displayTotal);  //将得分输出到 Console 窗格中
```

### 2. 多行注释符：/*要注释的内容*/

多行注释（也称块注释）以/*开头，之后是注释内容，以*/结束，通常用于较长内容的注释。例如：

```
/* 这也是注释，可以写很多行 */
/*以下是不运行的代码
满足特定条件才执行
System.out.println("Welcome!");
*/
```

**注意：**多行注释不能被嵌套使用。

### 3. 文档注释符：/**要注释的内容*/

文档注释符可以用来注释方法、属性，也可以用来注释类。例如：

```
import java.lang.*;
/** 注释 Test 类 */
public class Test {
    /** 注释 age 属性 */
    int age;
    /** 注释 getMethod()方法 */
    public void getMethod() { ...... }
    ......
}
```

使用 Javadoc 工具可以将文档注释符中间的注释内容提取出来，并生成 HTML 格式的开发帮助文档。上面的示例生成的文档分别是注释后的类、属性和方法的相关文档。

提示：文档注释符前导的*符号允许被连续使用多个，但多个*符号前不能有其他分隔符，否则分隔符及其后的*符号都将被视为文档的内容。

# 任务二　语法规则

## 任务引入

了解了基本语法后，小白试着写了如下两行代码，用于定义两个 int 类型的变量并赋值：

```
int i=5;
int j=6.8;
```

但是在 IDE 中一直显示错误，提示类型不匹配。通过查阅资料，小白才知道 Java 中的数据有严格的类型要求，即使常用的整数类型，也有多种不同的类型，并对应不同的取值范围。而他出错的原因就在于他将一个 double 类型的值（6.8）赋给了 int 类型的变量（j）来进行计算。

由此看来，要写出合法的 Java 程序，还需要掌握 Java 具体的语法规则，如基本的数据类型、类型转换、运算符，以及输入与输出数据的方法。

## 知识准备

在编写程序时，会用到很多不同类型的数据。由于 Java 是一种强类型语言，因此我们必须对 Java 程序中的每个变量都声明数据类型。

Java 的数据类型可分为两大类，即基本数据类型和引用数据类型(也称对象数据类型)，且每种类型中又包括多种数据类型，如图 2-2 所示。

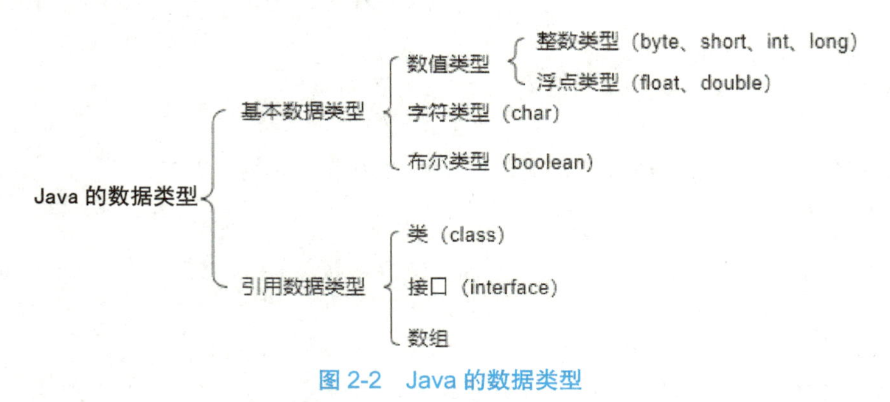


图 2-2　Java 的数据类型

下面仅介绍 Java 的基本数据类型。

## 一、基本数据类型

Java 的基本数据类型包括整数类型、浮点类型、字符类型和布尔类型（也称逻辑类型）。

### 1. 整数类型

整数类型，顾名思义就是存储整数的类型。按照存储值的范围不同，Java 将整数类型分成了 byte、short、int、long 四种类型，默认类型为 int，如表 2-2 所示。

表 2-2　整数类型及其取值范围

| 整数类型 | 取值范围 |
| --- | --- |
| byte | 8 位有符号整数，占用 1 字节，$-2^{7}\sim2^{7}-1$ |
| short | 16 位有符号整数，占用 2 字节，$-2^{15}\sim2^{15}-1$ |
| int | 32 位有符号整数，占用 4 字节，$-2^{31}\sim2^{31}-1$ |
| long | 64 位有符号整数，占用 8 字节，$-2^{63}\sim2^{63}-1$ |

提示：Java 中没有无符号整数类型。

例如，以下代码定义了不同类型的整数：

```
byte i=122;
short j=-1000;
int m=30+50;
long n=-234671690L;
```

细心的读者可能已经发现了，在定义 long 类型的变量时，赋予的初始值后有一个字母 L（也可为小写），这是为了与整数类型的默认类型 int 进行区分，建议不要省略，尤其是在指定的值超出 int 类型的取值范围时。

此外，Java 中的整数类型除了支持实际生活中常见的十进制，还支持二进制、八进制和十六进制。二进制以 0b（或 0B）开头，八进制以 0 开头，十六进制以 0x（或 0X）开头。例如：

```
int x=0,y=-52,z=121;          //十进制整数
Int x=0b1100                  //二进制整数，十进制形式为 12
int a=075;                    //八进制整数，十进制形式为 61
int b=0x1AB;                  //十六进制整数，十进制形式为 427
```

### 案例——整数类型变量示例

本案例演示为不同整数类型的变量赋值的方法。

（1）在 Eclipse 中新建一个 Java 项目 IntVarDemo，右击 src 节点，新建一个名称为 IntVar 的类，所在包的名称为 ch02。

（2）在编辑器中输入代码，声明变量并输出。具体代码如下：

```
package ch02;

public class IntVar {
    public static void main(String[] args){
```

```
        int num1 = 45 ;                      //默认情况下是十进制值
        System.out.println("num1 = "+num1);
        int num2 = 045;                      //八进制值
        System.out.println("num2 = "+num2);
        int num3 = 0x45;                     //十六进制值
        System.out.println("num3 = "+num3);
        int num4 = 0b010;                    //二进制值
        System.out.println("num4 = "+num4);
        byte b = 106;                        //定义 byte 类型的变量 b
        System.out.println("b = "+b);
        short s = 4500;                      //定义 short 类型的变量 s
        System.out.println("s = "+s);
        int i = 586;                         //定义 int 类型的变量 i
        System.out.println("i = "+i);
        long num5 = 12345678910L;            //定义 long 类型的变量，使用 L 后缀
        System.out.println("num5 = "+num5);
        long num6 = 12345;                   //定义 long 类型的变量，不使用 L 后缀
        System.out.println("num6 = "+num6);
    }
}
```

（3）右击 IntVar.java 文件，在弹出的快捷菜单中选择 Run As→Java Application 命令，在 Console 窗格中可以看到输出结果，如图 2-3 所示。

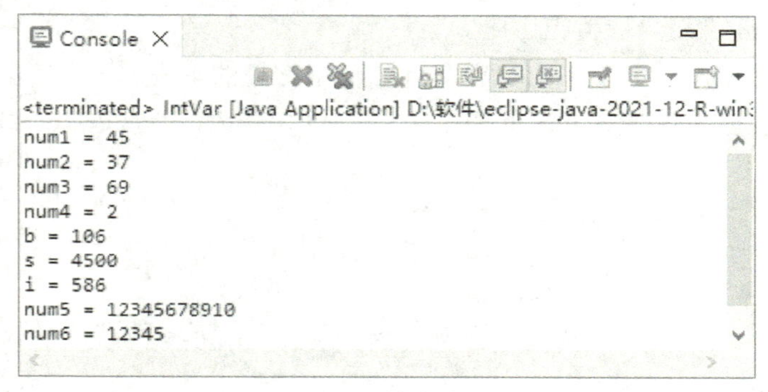


图 2-3　输出结果

从上面 num5 和 num6 的输出结果可以看出，在为 long 类型的变量赋值时，只有数值超出了 int 类型的取值范围时，才需要添加 L 后缀，否则无须添加 L 后缀。

### 2. 浮点类型

浮点类型是指小数类型。Java 中有两种浮点类型：一种是单精度浮点类型（float）；另一种是双精度浮点类型（double）。具体取值范围如表 2-3 所示。

表 2-3　浮点类型及其取值范围

| 浮点类型 | 取值范围 |
| --- | --- |
| float | 32 位单精度浮点类型，占用 4 字节，$-3.4\times10^{38}$ ～ $3.4\times10^{38}$，最多保留 7 位有效数字 |
| double | 64 位双精度浮点类型，占用 8 字节，$-1.7\times10^{308}$ ～ $1.7\times10^{308}$，最多保留 16 位有效数字 |

浮点类型的数值默认为 double 类型，如果要使用 float 类型，则需要在数值后面加上 f 或 F 后缀。在使用 double 类型时，可以在数值后加上 d 或 D 后缀，也可以省略。需要注意的是，不能将 double 类型的数值直接赋给 float 类型，例如：

```
float i = 81.25f;          //定义 float 类型的变量
double j = 3.14159;        //定义 double 类型的变量
float s = 0.5;             //错误，0.5 为 double 类型
```

### 3. 字符类型

字符类型（char）表示 16 位 Unicode 字符，只能存入一个字符，占用 2 字节，可以存放一个汉字。char 类型的字符需要使用单引号引起来，如'M'、'数' 等，默认值为空格。

char 类型的数据在内存中实际上是一个 16 位的无符号整数，是字符对应的 Unicode 字符集中的字符编码值，所以 Java 中的字符可以用于处理大多数国家的语言文字，也可以与整数进行运算。例如：

```
char J = 'J';              //定义 char 类型的变量 J 并赋值，实际存储的是字符'J'的编码值 74
char A = 'A';              //实际存储的是字符'A'的编码值 65
int V = 86;
int num = J+A+V+65;        //结果为 74+65+86+65
char num2 = -50;           //数据类型不匹配，错误
```

如果要在字符类型的变量中包含不能直接输出的特殊字符（如双引号），就要用到转义字符。常用的转义字符如表 2-4 所示。

表 2-4　常用的转义字符

| 转义字符 | 等价字符 | 转义字符 | 等价字符 |
| --- | --- | --- | --- |
| \' | 单引号 | \f | 换页符 |
| \" | 双引号 | \n | 换行符 |
| \\ | 反斜杠 | \r | 回车符 |
| \0 | 空格符 | \t | 水平制表符 |
| \b | 退格符 | \v | 垂直制表符 |
| \ddd | 1~3 位八进制数表示的字符，例如，\141 表示'a' | \uxxxx | 4 位十六进制数表示的字符，例如，\u0042 表示'B' |

如果要在一个变量中存放多个字符，可以使用字符串类型（String）。与 char 类型不同，String 类型的数据必须使用双引号引起来，例如：

```
String major = "Philosophy";
```

需要注意的是，String 类型是引用数据类型，由于 String 类型使用的内存大小是可变的，因此 String 类型的变量中存放的字符数可以被认为是没有限制的。关于引用数据类型，本书后续章节会对其进行详细介绍。

### 4. 布尔类型

当某个值只有两种状态时，可以将其声明为布尔类型（也称逻辑类型），例如，用户权限是否为管理员、当前日期是否为工作日等。

布尔类型使用关键字 boolean 定义，只有两个常量值，即 true 和 false（默认值），分别表示逻辑判断中的“真”和“假”，常用在条件判断语句中。布尔类型的变量在内存中占用 1 位。与 C 语言不同的是，Java 中不可以使用 0 或非 0 的整数替代布尔值 true 和 false。例如：

```
boolean flag_1 = true;        //定义 boolean 类型变量 flag_1 并赋予其初始值
boolean flag_2 = 1;           //错误，Java 中不能使用数字表示逻辑值
```

## 案例——判断用户是否为 VIP 会员

本案例根据用户输入的积分是否大于或等于 5000，使用布尔类型的变量判断该用户是否为 VIP 会员。

（1）在 Eclipse 中新建一个 Java 项目 BooleanDemo，右击 src 节点，新建一个名称为 BooleanTest 的类，所在包的名称为 ch02。

（2）在编辑器中输入代码，声明变量并输出。具体代码如下：

```
//包语句，必须位于 Java 源文件的第 1 行
package ch02;
//导入类，位于 package 语句之后，所有类定义之前
import java.util.Scanner;

public class BooleanTest {
    public static void main(String[] args) {

        //创建扫描器，用于获取在 Console 窗格中输入的值
        Scanner sc = new Scanner(System.in);
        //输出提示信息
        System.out.println("请输入您的积分：");
        //获取用户在 Console 窗格中输入的数值
        int scores = sc.nextInt();
        //使用一个关系表达式为布尔类型的变量赋值
        boolean result = (scores >=5000);
        //输出判断结果
        System.out.println("是否 VIP："+result);
        sc.close();
    }
}
```

（3）右击 BooleanTest.java 文件，在弹出的快捷菜单中选择 Run As→Java Application 命令，在 Console 窗格中输入 3500，按 Enter 键，可以看到输出结果，如图 2-4 所示。

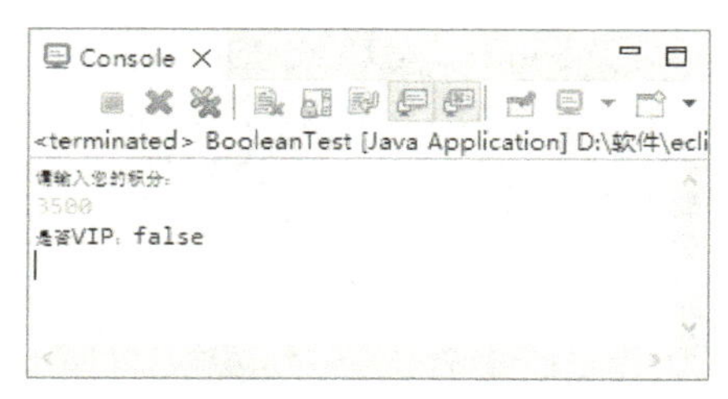


图 2-4　输出结果

## 二、类型转换

Java 是一种强类型语言，在进行赋值运算或算数运算时，要求参与运算的数值的数据类型一致。如果要将一种数据类型的数值赋给另一种数据类型的变量，就要进行类型转换。Java 中的类型转换有两种：自动转换和强制转换。

### 1. 自动转换

自动转换也称隐式类型转换，是指两种数据类型在转换过程中不需要显式地通过代码进行声明。自动转换通常用于彼此兼容但取值范围不同的两种数据类型，无须程序员进行任何操作，由系统自动完成转换。例如：

```
int a = 120;
double b = a+350;   //变量 a 的数据类型自动转换为 double 类型，结果为 470.0
float m = 450.25f;
double n = m+20;    //变量 m 和数值 20 的数据类型自动转换为 double 类型，结果为 470.25
```

在 Java 中，常见的可以实现自动转换的情形有如下几种。

（1）整数类型之间。byte 类型的数值可以被赋给 short、int、long 类型的变量；short 类型的数值可以被赋给 int 和 long 类型的变量；int 类型的数值可以被赋给 long 类型的变量。

（2）整数类型转换为 float 类型。byte、short、char、int 类型的数值可以被赋给 float 类型的变量。

（3）其他数据类型转换为 double 类型。byte、short、char、int、long 和 float 类型的数值都可以被赋给 double 类型的变量。

也就是说，精度高的变量可以向下兼容，接收精度低的数值。基本数据类型按精度从低到高的顺序为 byte→short→int→long→float→double。

提示：char 类型实际上是 16 位无符号整数类型，因此可以与部分 int 类型数据兼容，且不会发生精度变化。

### 2. 强制转换

如果要把高精度的数值赋给低精度的变量，则需要进行显式的代码声明，也就是进行强制转换（也称显式类型转换）。

强制转换的语法格式如下：

```
(目标类型名) 要转换的值
```

例如：

```
int i;                        //定义 int 类型的变量
```

```
double j = 13.14;        //定义double类型的变量并赋予其初始值
i = (int)j;  //将double类型的变量j强制转换为int类型，并赋给int类型的变量i，结果为13
```

**提示：** 使用强制转换将高精度的数值转换为低精度的数值时，会发生精度缺失。

## 案例——数据类型转换示例

本案例演示各种数据类型的自动转换和强制转换。

（1）在 Eclipse 中新建一个 Java 项目 TransferDemo，右击 src 节点，新建一个名称为 TransferTest 的类，所在包的名称为 ch02。

（2）在编辑器中输入代码，声明变量并输出。具体代码如下：

```
package ch02;

public class TransferTest {
    public static void main(String[] args) {

        double num1 = 13;                          //int类型自动转换为double类型
        System.out.println("num1 = "+num1);
        int num2 = (int)13.14;                     //double类型强制转换为int类型
        System.out.println("num2 = "+num2);

        double num3 = 52+1314L+2.5F+13.14+'a'; //自动转换为double类型
        System.out.println("num3 = "+num3);
        int num4 = (int)num3;                      //double类型强制转换为int类型
        System.out.println("num4 = "+num4);

        byte num_b1 = 48;                          //范围内，直接赋值
        System.out.println("num_b1 = "+num_b1);
        byte num_b2 = (byte)480;                   //强制转换
        System.out.println("num_b2 = "+num_b2);
    }
}
```

（3）右击 TransferTest.java 文件，在弹出的快捷菜单中选择 Run As→Java Application 命令，即可在 Console 窗格中看到输出结果，如图 2-5 所示。

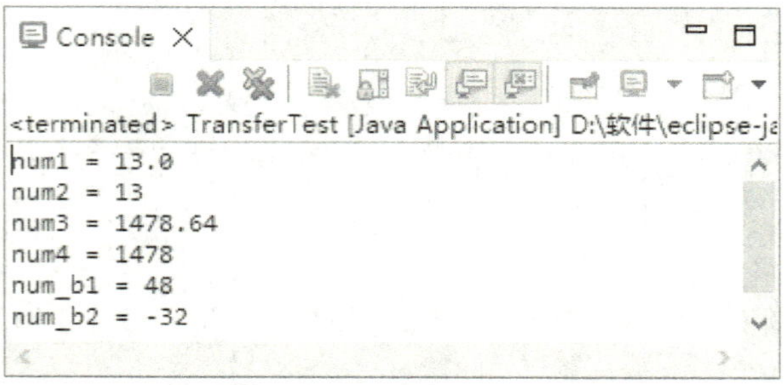

```
Console
<terminated> TransferTest [Java Application] D:\软件\eclipse-j
num1 = 13.0
num2 = 13
num3 = 1478.64
num4 = 1478
num_b1 = 48
num_b2 = -32
```

图 2-5　输出结果

从上面的 num3 结果中可以看到，在多种数据类型参与运算时，应当先找出当前表达式中级别最高的 double 类型。然后其余的类型（int 类型、long 类型、float 类型和 char 类型）都会自动转换为 double 类型，一起参与运算。在为变量 num_b2 赋值时，由于 480 超出了 byte 类型的取值范围（-128～127），接下来会进行强制转换，将 4 字节的 int 类型转换为 1 字节的 byte 类型，即 3 个高位字节的数据丢失，因此输出结果的精度出现了丢失的现象。

## 三、运算符

运算符是每一种编程语言中必备的符号，支持对数值、字符、逻辑值进行运算。表达式是由常量、变量、函数和运算符按照运算法则组成的计算关系式。在数据运算中，使用表达式表达想要达到的效果，使用运算符进行相关的运算。

下面简要介绍 Java 中常见的运算符，如赋值运算符、算术运算符、逻辑运算符、关系运算符、位运算符、三元运算符，以及运算符的优先级。

### 1. 赋值运算符

赋值运算符（=）是常用的运算符之一。它的含义是将右边的数值赋给左边的变量，常用于对属性、变量进行赋值操作。例如：

```
final pi = 3.14;             //将数值 3.14 赋给变量 pi 并进行初始化
```

在 Java 中，还可以把赋值运算符连在一起使用，同时为多个变量赋值。例如：

```
int x = y = z = 520;         //将数值 520 同时赋给变量 x、y 和 z
```

除了上面这种常见的等号赋值运算符，还有与其他运算符连用以简化操作的算术赋值运算符，如表 2-5 所示。

表 2-5　赋值运算符

| 运　算　符 | 说　　明 |
| --- | --- |
| = | x=y，将运算符右边的数值赋给等号左边的变量 |
| += | x+=y，等同于 x=x+y |
| -= | x-=y，等同于 x=x-y |
| *= | x*=y，等同于 x=x*y |
| /= | x/=y，等同于 x=x/y |
| %= | x%=y，等同于 x=x%y，表示求 x 除以 y 的余数 |
| ++ | x++或++x，等同于 x=x+1 |
| -- | X--或--x，等同于 x=x-1 |

算术赋值运算符的含义是先将左边的变量和右边的数值进行运算，再将得到的结果赋给左边的变量。与等号赋值运算符一样，算术赋值运算符的左边只能是变量。

### 2. 算术运算符

算术运算符是常用的运算符之一，包括加号、减号、乘号、除号等，具体的表示符号如表 2-6 所示。

表 2-6　算术运算符

| 运　算　符 | 含　　义 | 示例（int a=1,b=2;） |
|---|---|---|
| + | 对两个操作数执行加法运算 | a+b　　//3 |
| - | 对两个操作数执行减法运算 | a-b　　//-1 |
| * | 对两个操作数执行乘法运算 | a*b　　//2 |
| / | 对两个操作数执行除法运算 | a/b　　//0<br>float a=1,b=2;<br>a/b　　//0.5 |
| % | 对两个操作数执行取余运算 | a%b　　//1 |
| ++ | 操作数自身加 1 | a++　　//2<br>++b　　//3 |
| -- | 操作数自身减 1 | a--　　//0<br>--b　　//1 |

**注意：**在使用/运算符时，如果两个操作数的数据类型都为整数类型，则运算过程相当于取整运算，运算结果不进行四舍五入，只取整数部分；如果两个操作数中有一个操作数的数据类型为浮点类型，则运算过程是正常的除法运算。在取模运算中，如果有操作数为负数，则运算结果的正负取决于左边的操作数。例如，-21%4 的运算结果为-1；21%-4 的运算结果为 1。

对于算术运算符，运算结果的类型取决于两个操作数的数据类型。如果两个操作数是整数类型（byte、short、int）或 char 类型，则运算结果的数据类型为 int。在其他情况下，按照运算符两边操作数的最高精度保留结果的精度，也就是说，运算结果的数据类型为两个操作数中取值范围较宽的数据类型。例如：

```
27.0/3        //结果为浮点类型，值为 9.0
'b'+2         //结果为整数类型，值为 100
```

需要注意的是，与赋值运算表达式不同，在算术运算表达式中，将++和--运算符放在操作数前和操作数后是有区别的，如果放在操作数前，则需要先将操作数加 1 或减 1，再与其他操作数进行运算；如果放在操作数后，则需要先与其他操作数进行运算，操作数自身再加 1 或减 1。例如：

```
int b = 5;
int a=b++;        //a 的值为 5
int c=++b;        //c 的值为 7
```

在计算表达式 a=b++时，先将 b 的值赋给 a（a=b;），然后 b 自身加 1（b=b+1;）。而在计算表达式 c=++b 时，则先将 b 加 1（b=b+1;），再将 b 的值赋给 c（c=b;）。

### 3. 逻辑运算符

逻辑运算符主要用于多个布尔类型的表达式之间的运算，并判断某个条件是否成立，运算的结果也为布尔类型，具体说明如表 2-7 所示。

表 2-7　逻辑运算符

| 运算符 | 含义 | 说明 |
| --- | --- | --- |
| && | 逻辑与 | 如果运算符两边的值都为 true，则表达式的运算结果为 true，否则为 false；如果运算符左边的值为 false，则不对右边的表达式进行计算，相当于“且”的含义 |
| \|\| | 逻辑或 | 只要运算符两边的值有一个为 true，则表达式的运算结果为 true，否则为 false；如果运算符左边的值为 true，则不对右边的表达式进行计算，相当于“或”的含义 |
| ! | 逻辑非 | 表示和原来的逻辑相反 |
| ^ | 逻辑异或 | 如果运算符两边的值不同，则表达式的运算结果为 true，否则为 false |

### 4. 关系运算符

关系运算符常用于条件判断语句中比较两个操作数的值，运算结果是布尔值 true 或 false。常见的关系运算符可分为两类：一类用于判断大小关系，一类用于判断相等关系。具体说明如表 2-8 所示。

表 2-8　关系运算符

| 运算符 | 含义 | 说明 |
| --- | --- | --- |
| > | 大于 | 左边表达式的值大于右边表达式的值 |
| < | 小于 | 左边表达式的值小于右边表达式的值 |
| >= | 大于或等于 | 左边表达式的值大于或等于右边表达式的值 |
| <= | 小于或等于 | 左边表达式的值小于或等于右边表达式的值 |
| == | 等于 | 两边表达式的运算结果相等，注意是两个等号 |
| != | 不等于 | 两边表达式的运算结果不相等 |

### 5. 位运算符

所谓位运算，通常是指将数值类型的值从十进制形式转换成二进制形式后的运算。参与运算的操作数为整数类型，可以是有符号整数，也可以是无符号整数。由于位运算是对二进制数进行运算的，所以使用位运算符对操作数进行运算的速度较快。

位运算符包括按位与、按位或、按位非、按位异或、左移、右移等，具体的表示符号如表 2-9 所示。

表 2-9　位运算符

| 运算符 | 含义 | 说明 |
| --- | --- | --- |
| & | 按位与 | 如果两个操作数都为 1，则整个表达式的运算结果为 1，否则为 0 |
| \| | 按位或 | 如果两个操作数都为 0，则整个表达式的运算结果为 0，否则为 1 |
| ~ | 按位非 | 将操作数的二进制码按位取反。如果位为 1，则结果为 0；如果位为 0，则结果为 1。该运算符不能用于运算布尔类型的数值。对正整数取反，结果是在原来的数上加 1，然后取负数；对负整数取反，结果是在原来的数上加 1，然后取绝对值 |
| ^ | 按位异或 | 只有参与运算的两个操作数不同时，运算结果才为 1，否则为 0 |
| << | 左移 | 把运算符左边的操作数向左移动运算符右边指定的位数，该操作数右边因移动而空出的部分用 0 填补 |
| >> | 有符号右移 | 把运算符左边的操作数向右移动运算符右边指定的位数。如果该操作数是正值，则其左边因移动而空出的部分用 0 填补；如果该操作数是负值，则其左边因移动而空出的部分用 1 填补 |
| >>> | 无符号右移 | 与 >> 的移动方式相同，只是无论正负，该操作数左边因移动而空出的部分都使用 0 填补 |

在上面列出的运算符中，比较常用的是左移运算符和右移运算符，左移 1 位相当于将操作数乘以 2，右移 1 位相当于将操作数除以 2。例如，将 2 向左移 3 位（2<<3）得到的结果为 16；将 64 向右移 4 位（64>>4）得到的结果为 4。

按位与（&）和按位或（|）也可用于逻辑运算，运算规则与逻辑与（&&）和逻辑或（||）相同。

### 6. 三元运算符

Java 中有一个三元运算符，也被称为条件运算符，顾名思义，也就是有 3 个运算项的运算符。具体的语法格式如下：

```
布尔表达式 ? 表达式 1: 表达式 2
```

语法说明如下：

- 布尔表达式：条件判断表达式，通过逻辑判断得到一个布尔类型的结果。
- 表达式 1：当布尔表达式的结果为 true 时，执行该表达式来得到结果。
- 表达式 2：当布尔表达式的结果为 false 时，执行该表达式来得到结果。

需要注意的是，三元运算符中表达式 1 和表达式 2 的结果的数据类型要兼容。

例如：

```
int payCheck = 5600;
System.out.println((payCheck<=5000) ? "NewComputer":"Cry");
```

先判断 payCheck 是否小于或等于 5000，如果是，则输出"NewComputer"，否则输出"Cry"。

## 案例——计算绝对值

本案例使用三元运算符计算给定数值的绝对值并输出。

（1）在 Eclipse 中新建一个 Java 项目 ABSDemo，右击 src 节点，新建一个名称为 ABSTest 的类，所在包的名称为 ch02。

（2）在编辑器中输入代码，声明变量并输出。具体代码如下：

```
//指定包
package ch02;
//引入 Scanner 类
import java.util.Scanner;
public class ABSTest {
    public static void main(String[] args) {
        //创建扫描器，用于获取在 Console 窗格中输入的值
        Scanner sc = new Scanner(System.in);
        //输出提示信息
        System.out.println("请输入数值:"+ ": ");
        //获取输入的整数值
        int i = sc.nextInt();
        //计算绝对值
        int j;
```

```
        j = i > 0 ? i : -i;
        System.out.println(i+" 的绝对值为： "+ j);
        sc.close();
    }
}
```

（3）右击 ABSTest.java 文件，在弹出的快捷菜单中选择 Run As→Java Application 命令，根据提示输入一个整数，按 Enter 键，即可在 Console 窗格中输出给定数值的绝对值，如图 2-6 所示。

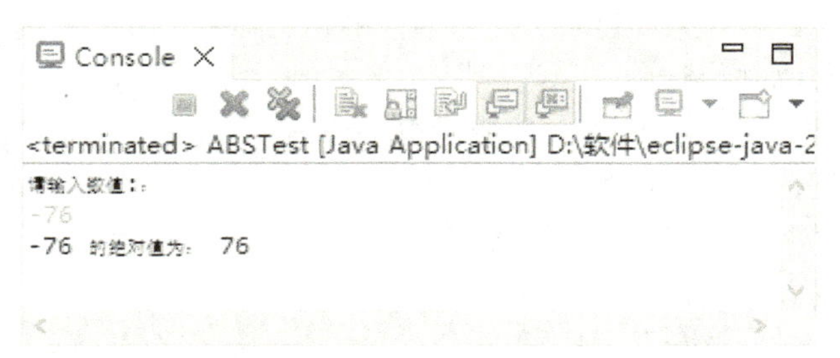


图 2-6　输出结果

### 7. 运算符的优先级

在 Java 表达式中，通常会使用多个运算符进行计算，这时就需要注意运算符的运算先后顺序，也就是运算符的优先级。

Java 中运算符的优先级（从高到低）如表 2-10 所示。

表 2-10　运算符的优先级

| 运　算　符 | 结　合　性 |
| --- | --- |
| ()（括号） | 从左向右 |
| +（正）、-（负）、++（自增）、--（自减）、~（按位非）、!（逻辑非） | 从右向左 |
| *（乘）、/（除）、%（取余） | 从左向右 |
| +（加）、-（减） | 从左向右 |
| <<、>>、>>> | 从左向右 |
| <、<=、>、>= | 从左向右 |
| ==、!= | 从左向右 |
| & | 从左向右 |
| \| | 从左向右 |
| ^ | 从左向右 |
| && | 从左向右 |
| \|\| | 从左向右 |
| ?: | 从右向左 |
| =、+=、-=、*=、/=、%=、&=、\|=、^=、~=、<<=、>>=、>>>= | 从右向左 |

虽然运算符本身已经有了优先级，但是在实际应用中还是建议读者尽量在复杂的表达式中使用括号来控制优先级，以增强代码的可读性。

## 四、输入/输出

在编写程序后，要查看代码是否按预期运行，通常可以先输入测试参数，然后输出运行结果。

前面的案例都是使用 System.out.println()方法输出运行结果的。System 是一个系统类，完整类名为 java.lang.System。所有的 Java 程序都会自动导入 java.lang 核心语言包，因此在使用 System 类时无须显式导入。

System.out 在 JRE 启动时，会被初始化为标准输出对象，可以调用 println()方法向标准输出打印指定的字符串并换行。

System 类还提供了用于实现输入的流对象 System.in。System.in 包含的 read()方法可以接收键盘输入的数据，但不能按照数据类型接收。因此，常使用位于 java.util 包中的 Scanner 类来接收键盘输入的数据。需要注意的是，该类不是 java.lang 核心语言包中的类。要使用该类，必须在包定义之后、所有类定义之前引入该类，格式如下：

```
import java.util.Scanner;
```

Scanner 类支持指定接收某种类型的数据，例如，其中的 nextInt()方法可以接收 int 类型的数据；nextDouble()方法可以接收 double 类型的数据；nextByte()方法、nextShort()方法、nextLong()方法、nextFloat()可以分别接收 byte 类型、short 类型、long 类型和 float 类型的数据。如果要接收文本字符串，则可以使用 nextLine()方法。

### 案例——输出客户信息

本案例演示获取键盘输入的信息并输出。

（1）在 Eclipse 中新建一个 Java 项目 ScannerDemo，右击 src 节点，新建一个名称为 ScannerTest 的类，所在包的名称为 ch02。

（2）在编辑器中输入代码，声明变量并输出。具体代码如下：

```
//指定包
package ch02;
//引入 Scanner 类
import java.util.Scanner;
public class ScannerTest {
    public static void main(String[] args) {
        //创建扫描器
        Scanner sc = new Scanner(System.in);
        //录入 String 类型的姓名数据
        System.out.print("请输入姓名：");
        String name = sc.next();
        //录入 String 类型的性别数据，并提取其中的第 1 个字符
        System.out.print("请录入性别：");
        char sex = sc.next().charAt(0);
        //录入 int 类型的年龄数据
        System.out.print("请输入年龄：");
```

```
        int age = sc.nextInt();
        //录入 double 类型的身高数据
        System.out.print("请输入身高：");
        double height = sc.nextDouble();
        //录入 float 类型的体重数据
        System.out.print("请输入体重：");
        float weight = sc.nextFloat();
        //输出信息
        System.out.println("该客户的信息为:\n 姓名："+name+"\n 性别："+sex+"\n 年龄：
"+age+"岁\n 身高："+height+"cm\n 体重："+weight+"kg");
        sc.close();
    }
}
```

在上述 main()方法中，首先构造了一个 Scanner 类对象 sc，且附属于标准输入流 System.in。

next()与 nextLine()方法的功能相似，都用于接收字符串。需要注意的是，next()方法必须读取到有效字符后才可以结束输入，对输入有效字符之前遇到的空格符、制表符或回车符等结束符，会自动将其删除。只有在输入有效字符之后，next()方法才会将其后输入的空格符、制表符或回车符等视为分隔符或结束符。所以，next()方法不能得到包含空格的字符串。而 nextLine()方法的结束符只有回车符，返回的是回车符之前的所有字符，因此可以得到包含空格的字符串。

在获取性别信息时，charAt()方法用于返回指定索引处的字符，由于索引范围为 0～字符串长度-1，因此 charAt(0)返回的是输入字符串的第 1 个字符。

（3）右击 ScannerTest.java 文件，在弹出的快捷菜单中选择 Run As→Java Application 命令，根据提示输入数据，即可在 Console 窗格中看到输出结果，如图 2-7 所示。

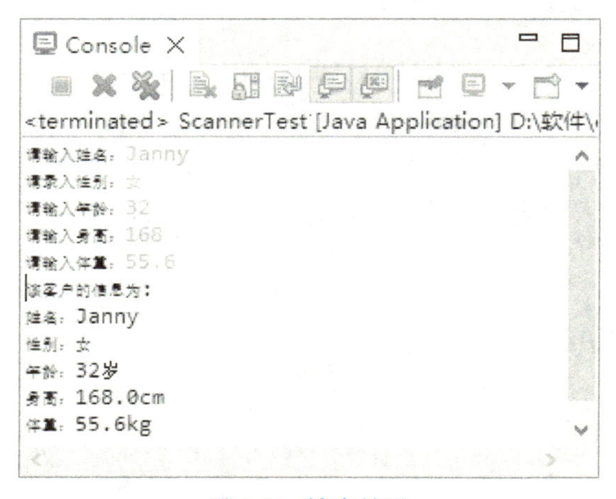


图 2-7　输出结果

# 项目总结

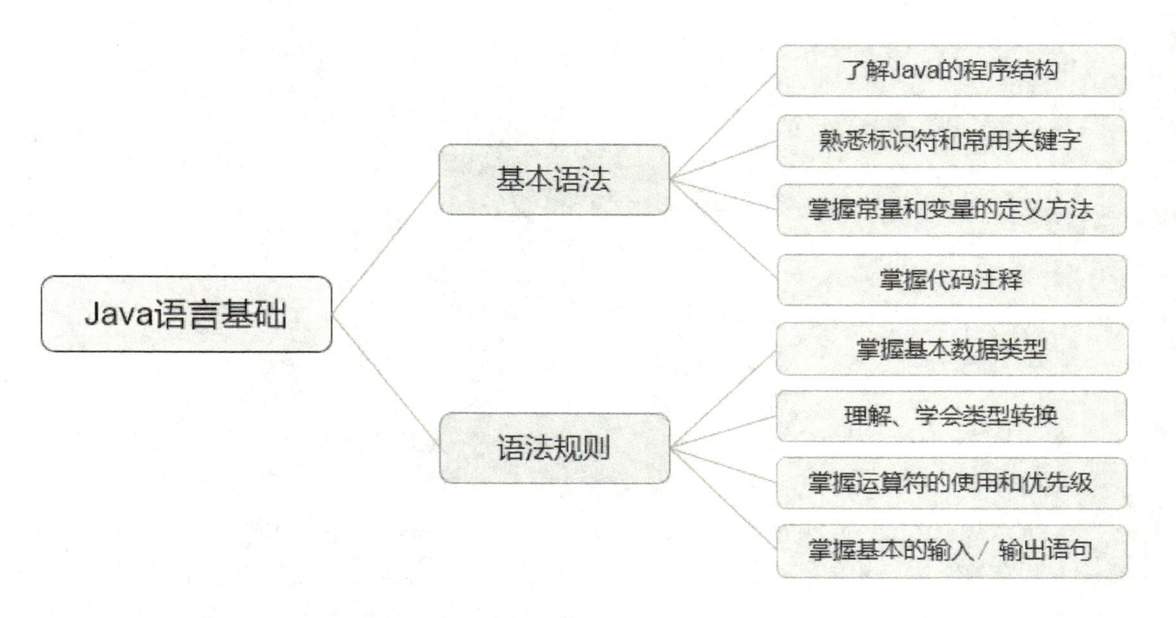


本项目简要介绍了 Java 语言基础，主要包括常量和变量、基本的数据类型与运算符三大知识点。通过本项目的学习，读者可以了解 Java 的程序结构、常量和变量的定义与初始化方法、运算符的功能和运用方式。其中，基本数据类型的取值范围和类型转换需要读者重点掌握。

# 项目实战

## 实战一：计算圆的周长和面积

本实战要求先通过键盘输入圆的半径，然后计算并输出圆的面积。

（1）在 Eclipse 中新建一个 Java 项目 CircleArea，右击 src 节点，新建一个名称为 CircleArea 的类，所在包的名称为 ch02。

（2）在编辑器中输入代码，声明变量并输出。具体代码如下：

```
package ch02;

import java.util.Scanner;

public class CircleArea {
    public static void main(String[] args) {

        final double PI = 3.14;
        //创建一个扫描器
```

```
        Scanner sc = new Scanner(System.in);
        System.out.print("请输入半径: ");
        //获取录入的 int 类型的数据
        double r = sc.nextDouble();
        //计算周长
        double c = 2*PI*r;
        System.out.println("圆的周长为: "+c);
        //计算面积
        double s = PI*r*r;
        System.out.println("圆的面积为: "+s);
    }
}
```

（3）运行程序，根据提示输入圆的半径数值，即可在 Console 窗格中看到输出结果，如图 2-8 所示。

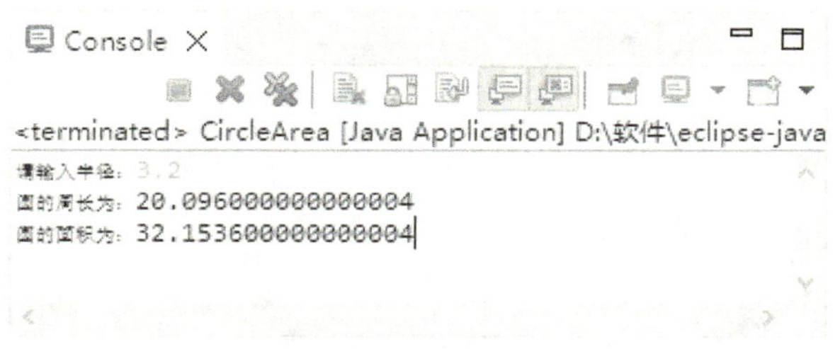


图 2-8　输出结果

## 实战二：对密码加密

本实战使用位运算符对给定的密码进行加密。

（1）在 Eclipse 中新建一个 Java 项目 PasswordDemo，右击 src 节点，新建一个名称为 PasswordDemo 的类，所在包的名称为 ch02。

（2）在编辑器中输入代码，声明变量并输出。具体代码如下：

```
package ch02;

public class PasswordDemo {
    public static void main(String[] args) {
        //定义初始密码
        int password = 12345678;
        //输出原始密码
        System.out.println("原始密码: "+password);
        //定义加密参数
        int key = 5;
        //使用位运算符对密码进行加密并输出
        int newPassword = password << key;
        System.out.println("左移加密结果: "+newPassword);
        newPassword = password >> key;
```

```
        System.out.println("右移加密结果："+newPassword);
    }
}
```

（3）运行程序，输出结果如图 2-9 所示。

图 2-9 输出结果

## 习 题

1．简述常量与变量的区别。

2．简述常用运算符的优先级。

3．编写一个 Java 程序，输入三角形的三条边长 $a$、$b$、$c$，利用海伦定理 $S=\sqrt{p(p-a)(p-b)(p-c)}$ 计算三角形的面积。其中，$p=\dfrac{a+b+c}{2}$。

4．编写一个 Java 程序，将在 Console 窗格中输入的摄氏度转换为整数类型的华氏度并输出。

提示：华氏度 ＝ 摄氏度×1.8＋32

# 项目三　流程控制

## 思政目标

➢ 熟悉设计步骤，注重培养分析能力，学会创新，及时调整，按需改进。
➢ 培养学生对 Java 应用项目的创作热情，理论联系实际，真正掌握所学内容。

## 技能目标

➢ 能够使用选择结构进行分支选择。
➢ 能够使用循环结构多次执行同一组语句。
➢ 能够结合使用多种程序结构设计程序。

## 项目导读

使用任何一种编程语言都需要面临程序的结构设计，也就是控制程序代码执行的顺序。程序先后执行的次序被称为“结构”。常见的 Java 程序结构有 3 种：顺序结构、选择结构和循环结构。在实际应用中，通常需要结合使用多种程序结构来设计程序，实现程序的跳转和循环等功能。

## 任务一　顺序结构和选择结构

### 任务引入

小白看到 Java 学习群里的网友分享的 Java 应用小程序很心动，想编写一个计算体质指数 BMI 的程序，根据身高和体重判断体重是否正常。计算 BMI 很简单，但程序如何根据 BMI 判断体重是否正常呢？小白想到了自然语言中的“如果……就……否则”结构语句，那么 Java 程序中是否也能这样编写程序呢？

此外，如果要根据几个确定的值分别执行不同的程序段，例如，将会员的积分划分为 4 个等级，输出对应的购物折扣，有没有简洁、直观的语句可以实现呢？

## 知识准备

### 一、顺序结构

顺序结构是指按照代码的顺序，逐行地执行以分号;结束的语句的结构。例如：

```
//执行第 1 句代码，初始化一个变量
int a;
//执行第 2 句代码，将变量 a 赋值为数值 1
a=1;
//执行第 3 句代码，变量 a 执行自增操作
a++;
//执行第 4 句代码，输出变量的值
System.out.print("a = "+a);
```

顺序结构是程序代码的默认执行流程，但通常不能满足实际的程序设计需求。因为在很多情况下，还要根据特定的条件决定要执行的程序分支，这就要用到选择结构。

### 二、选择结构

Java 程序的选择结构提供了 4 个用于选择分支程序的条件语句，分别是单分支条件语句，包括 if 语句；多分支条件语句，包括 if...else 语句、if...else if…else 语句、switch 语句。

#### 1. 单分支条件语句

单分支条件语句是单一条件的 if 语句。只有满足 if 语句中的条件，才能执行相应的语句。具体的语法格式如下：

```
if (布尔表达式)
{
    语句块;        //执行的一条或多条语句
}
```

如果括号内的布尔表达式的返回值为 true，则执行花括号{}内的语句，否则不执行。例如：

```
int Password = 123456;
if (Password==369645){
    System.out.println("Welcome! ");
}
System.out.println("Your password is "+Password);
```

在上述脚本代码中，由于条件判断（Password==369645）分支的返回值为 false，因此不执行花括号中的语句，而是跳过该语句，直接执行最后一行代码，输出 Your password is 123456。

#### 2. 多分支条件语句

多分支条件语句包括二选一条件的 if...else 语句，以及多选一条件的 if...else if...else 语句。

二选一条件的 if...else 语句与三元运算符效果等价，只是比三元运算符更直观、灵活。具体的语法格式如下：

```
if (布尔表达式)
{
    语句块 1;
}
else {
    语句块 2;
}
```

if...else 语句根据布尔表达式的返回值做出两种不同的处理，如果布尔表达式的返回值为 true，则执行语句块 1，否则执行语句块 2。例如：

```
Scanner sc = new Scanner(System.in);
String name = sc.next();
if (name=="admin"){
    System.out.println("You're administrator,welcome! ");
}
else {
    System.out.println("Sorry,You're not adminstrator!);
}
```

上述代码根据在 Console 窗格中输入的名称是否为"admin"，输出不同的文本信息。

如果有多种选择流程，则通常采用多选一条件的 if...else if...else 语句。这种格式的条件语句可以根据不同的条件判断分支做出多种不同的处理。具体的语法格式如下：

```
if (布尔表达式 1)
{
    语句块 1;
}else if(布尔表达式 2){
    语句块 2;
}
...
else{
    语句块 n;
}
```

上面语句的执行过程是先判断布尔表达式 1 的返回值是否为 true，如果为 true，则执行语句块 1，同时整个语句执行结束；否则依次判断布尔表达式 2 到布尔表达式 n-1 的返回值，如果都不为 true，则执行 else 语句中的语句块 n。

注意：该语法中的最后一个 else{}语句是可以省略的。如果省略了 else{}语句，且不存在布尔表达式的返回值为 true 时，则不执行任何语句块。

## 案例——计算体质指数 BMI

本案例根据输入的身高和体重数据，利用多分支条件语句计算体质指数并输出。

（1）在 Eclipse 中新建一个 Java 项目 BMIDemo，右击 src 节点，新建一个名称为 BMITest

的类，所在包的名称为ch03。

（2）在编辑器中输入代码，声明变量并输出。具体代码如下：

```
package ch03;
import java.util.Scanner;

public class BMITest {
    public static void main(String[] args) {
        //创建扫描器，用于获取在Console窗格中输入的值
        Scanner sc = new Scanner(System.in);
        //输出提示信息
        System.out.println("请输入身高（m）:");
        //获取输入的整数值
        float height = sc.nextFloat();
        //输出提示信息
        System.out.println("请输入体重（kg）:");
        //获取输入的整数值
        float weight = sc.nextFloat();      //计算绝对值
        float bmi;
        //计算BMI
        bmi = weight/(height*height);
        //根据bmi值判断体重是否正常
        if (bmi>32) {
            System.out.println("BMI为"+ bmi+" 非常肥胖");
        }else {
            if(bmi>28) {
                System.out.println("BMI为"+ bmi+" 肥胖");
            }else {
                if(bmi>25) {
                    System.out.println("BMI为"+ bmi+" 过重");
                }else {
                    if (bmi>18.5) {
                        System.out.println("BMI为"+ bmi+" 正常");
                    }else {
                        System.out.println("BMI为"+ bmi+" 过轻");
                    }
                }
            }

        }
        sc.close();
    }
}
```

上面的程序使用的是多选一条件的if...else if…else语句，所以最后一个分支语句else

代表的是 bmi≤18.5 的值。

（3）在工具栏中单击 Run 按钮，在 Console 窗格中根据提示输入身高和体重数据，按 Enter 键可以看到输出结果，如图 3-1 所示。

图 3-1　输出结果

### 3. switch 语句

switch 语句也属于多分支条件语句，相当于一系列的 if..else if..语句，但 switch 语句不是对条件进行计算以获得布尔值，而是对表达式进行求值并根据计算结果确定要执行的语句块。具体的语法格式如下：

```
switch(表达式)
{
    case 值 1:
        语句块 1;
        break;
    case 值 2:
        语句块 2;
        break;
        ...
    default:
        语句块 n;
        break;
}
```

在执行上述代码时，会将 switch()括号中的表达式的结果与各个 case 分支中的值或表达式进行比较，如果找到了匹配的分支，则执行该分支下的所有代码，直到遇到 break 或 default 语句为止；如果没有找到匹配的分支，则执行 default 语句（如果存在 default 语句的话）。default 语句可以被省略。

switch 语句通常与 break、continue 语句配合使用。break 语句和 continue 语句用来控制循环流程，都是在循环体内使用的。break 语句用来结束循环，不再执行循环。continue 语句用来终止当前一轮的循环，直接跳到下一轮循环。

注意：在 JDK 17 中，switch 语句中表达式的结果必须是整数类型（long 类型除外）、枚举类型或字符串类型的。表达式的结果满足某个 case 分支中的值，则会执行该 case 分支后面对应的语句块，直到遇到 break 语句时才结束整个 switch 语句的执行。如果没有 break 语句，则会继续执行该 case 分支后面的所有对应的语句块，无论是否满足 case 分支中的值。

## 案例——计算会员购物折扣

本案例使用 switch 语句，根据输入的会员积分数值返回购物折扣。积分为 8000 分及 8000 分以上打 6 折；积分为 5000（含）～8000 分打 7 折；积分为 2000（含）～5000 分打 8 折；积分为 2000 分以下打 9 折。

（1）在 Eclipse 中新建一个 Java 项目 ScoreEvaluate，右击 src 节点，新建一个名称为 DiscountCompute 的类，所在包的名称为 ch03。

（2）在编辑器中输入代码，声明变量并输出。具体代码如下：

```
package ch03;
import java.util.Scanner;

public class DiscountCompute {
    public static void main(String[] args) {
        //创建扫描器，用于获取在 Console 窗格中输入的数值
        Scanner sc = new Scanner(System.in);
        //输出提示信息
        System.out.println("请输入您的积分:");
        //获取输入的整数值
        int scores = sc.nextInt();
        //如果输入负数，则输出错误提示信息，否则计算折扣
        if (scores < 0)
        {
        System.out.println("您输入的数据范围有误！");
        }else {
        double discount;
        switch (scores/1000) {
            case 9:
            case 8:
                discount = 6.0;
                System.out.println("您的折扣为 "+discount+"折！");
                break;
            case 7:
            case 6:
            case 5:
                discount = 7.0;
                System.out.println("您的折扣为 "+discount+"折！");
                break;
            case 4:
            case 3:
            case 2:
                discount = 8.0;
                System.out.println("您的折扣为 "+discount+"折！");
                break;
```

```
            case 1:
            case 0:
                discount = 9.0;
                System.out.println("您的折扣为 "+discount+"折！");
                break;
            //积分数值大于或等于 10000，输出提示信息
            default:
                    System.out.println("您为本店 VIP,具体折扣请咨询店内工作人员!");
        }
        }
        sc.close();
    }
}
```

执行上述代码，首先在 Console 窗格中输出一行文本信息，提示用户输入积分数值，然后利用 nextInt()方法获取输入的值。接下来对输入的数值进行判断，如果小于 0，则表示输入的数值不合理，会输出错误提示信息。如果输入的数值在合理范围内，则先将该数值除以 1000 后取整，再将结果与给定的分支选项值进行比较。

需要注意的是，如果积分数值为 9000～9999，则表达式的取整结果为 9，由于对应的分支语句块“case 9:”中没有 break 语句，则会继续执行该 case 分支后面的分支语句块“case 8:”，指定折扣并输出文本信息，然后执行 break 语句，跳出 switch 语句。同样地，可以输出其他积分区间的折扣信息。如果输入的积分数值大于或等于 10000，由于没有匹配的 case 分支，因此会执行 default 语句，输出“您为本店 VIP，具体折扣请咨询店内工作人员！”。

（3）在工具栏中单击 Run 按钮，在 Console 窗格中根据提示输入积分数值，按 Enter 键可以看到输出结果，如图 3-2 所示。

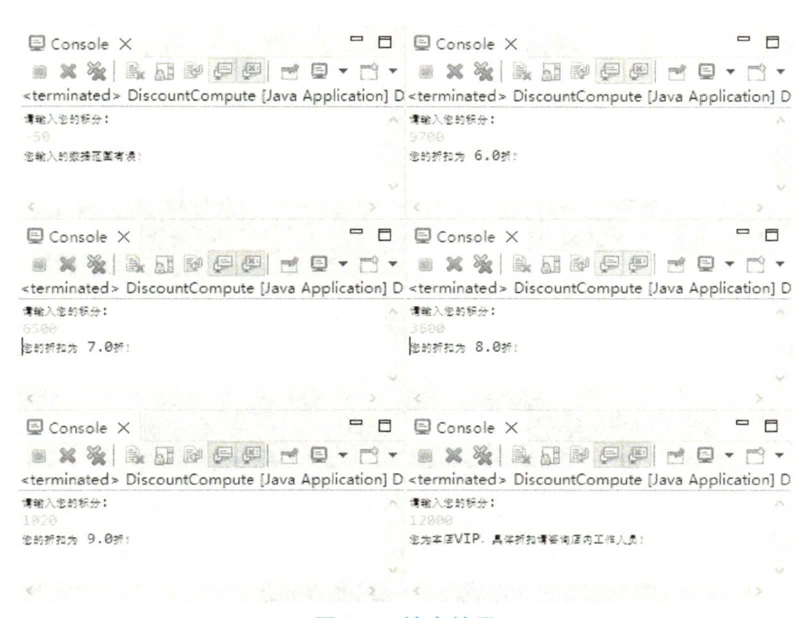


图 3-2 输出结果

# 任务二　循环结构

## 任务引入

周末从图书馆回来，小白正准备午休，上小学的表弟打来电话求助："怎么计算2+4+6+8+…+100 呢？太难算了！"小白耐心地给他讲解了计算方法（当然不是通过一个一个地相加来计算）。但是后来，小白想到计算机可以通过一个一个地相加来计算，于是开始琢磨程序思路：怎样才能让程序逐个选择数列中的数，并反复执行相加的过程呢？

小白想到了在图书馆中还来不及学习的循环结构。那么，Java 中提供了哪些循环语句呢？如果要中途跳出循环结构，该如何中断呢？复杂的程序结构中能否嵌套使用循环语句呢？

## 知识准备

循环结构是指根据指定的条件多次执行同一组代码，且重复的次数由指定的数值或条件决定的结构，常用于检索和批量处理。循环结构由循环体和控制条件两部分组成。其中，重复执行的代码被称为循环体，而能否重复操作取决于循环的控制条件。

循环结构可分为以下两类：

（1）先进行条件判断，如果条件成立，则执行循环体，执行完成后再进行条件判断，如果条件成立，则继续执行循环体，否则退出循环。如果第 1 次进行条件判断就不满足，则一次循环也不执行，直接退出循环。

（2）先不管条件是否成立，依次执行语句，执行完成后再进行条件判断，如果条件成立，则继续执行循环体，否则退出循环。

Java 常用的循环语句有 for 循环、while 循环和 do...while 循环。下面分别对它们进行简要介绍。

### 一、for 循环

for 循环是最支持迭代的一种通用结构，是非常有效、灵活的循环结构，多用于固定次数的循环，具体的语法格式如下：

```
for(初始化语句；循环条件；步进方式)
{
  循环体；
}
```

for 循环在第 1 次执行之前要先进行初始化，即执行初始化语句。初始化语句用于把程序循环体中需要使用的循环变量进行初始化。然后，对循环条件进行判断。循环条件是逻辑运算表达式，运算的结果决定循环的进程。如果运算的结果为 false，则退出循环，否则继续执行循环体。最后，在每一次循环的结束执行步进方式。步进方式采用算术表达式，用于改变循环变量的值，通常为使用递增或递减运算符的赋值表达式。

接下来，利用步进的循环变量判断循环条件的结果是否为 true，如果为 true，则执行循环体，进入下一轮循环……直到循环条件的结果为 false 时结束循环。

**提示：**在 for 循环中，初始化语句、循环条件、步进方式及循环体都是可以被省略的，但是当初始化语句、循环条件、步进方式被省略时，它们之间的分号不能被省略。for 循环可以被嵌套使用，以实现较复杂的功能。

例如，下面的代码可以输出 0～4：

```
class Program{
    static void Main(string[] args){
        for (int i = 0; i < 5; i++){
        Console.WriteLine("NO."+(i+1) + " is:"+i);
        }
    }
}
```

## 案例——计算等差数列的和

本案例计算一个等差数列 2、4、6、8、…、100 的和。

（1）在 Eclipse 中新建一个 Java 项目 SeriesSum，右击 src 节点，新建一个名称为 SeriesSum 的类，所在包的名称为 ch03。

（2）在编辑器中输入代码，声明变量并输出。具体代码如下：

```
package ch03;

public class SeriesSum {
    public static void main(String[] args) {
        //声明循环变量
        int i;
        //定义数列和赋予初始值
        int sum = 0;
        for (i=2;i<=100;i=i+2) {
            sum+=i;
            //输出循环变量的值，以空格符分隔
            System.out.print(i+"\0");
            //每行显示 10 个数，若超出，则换行
            if (i%20==0) {
                System.out.print("\n");
            }
        }
    //输出数列的和
    System.out.println("\nsum = "+sum);
    }
}
```

（3）在工具栏中单击 Run 按钮，在 Console 窗格中可以看到输出结果，如图 3-3 所示。

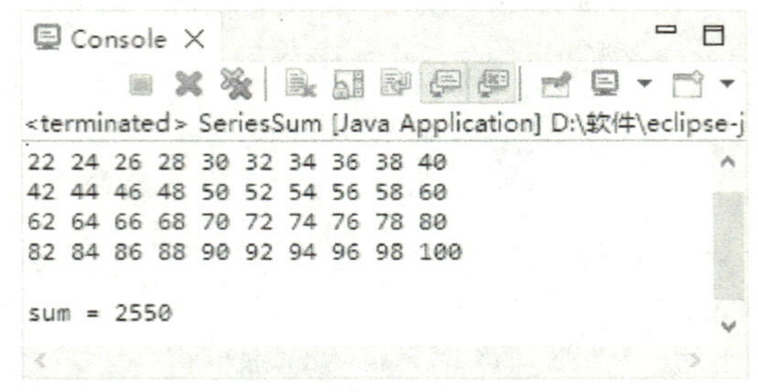


图 3-3 输出结果

## 二、while 循环

while 循环与 for 循环类似，当满足条件表达式时，执行循环体，但是 while 循环一般适用于不固定次数的循环。具体语法格式如下：

```
while(循环条件) {
    循环体
}
```

在循环刚开始时，会计算一次循环条件的值。循环条件是布尔表达式，如果循环条件的值为 true，则执行循环体，否则退出循环。之后的每一次循环都会重新计算一次循环条件的值，并根据循环条件的值决定程序进程。

注意：循环体应包括改变循环变量的赋值表达式，否则会陷入无限循环。

例如，下面的代码可以输出数列 10、9、8、7、6、5：

```
int s = 10;
while (s >=5) {
    System.out.print(s+"\0");
    s--;
}
```

## 三、do...while 循环

do...while 循环与 while 循环基本相同，只不过 do...while 循环会先执行循环体，再判断条件表达式，所以 do...while 循环至少会循环一次。具体的语法格式如下：

```
do{
    循环体;
}
while(循环条件);
```

循环体包括改变循环变量的赋值表达式，执行语句可同时实现变量赋值。循环条件是布尔表达式，运算的结果决定循环的进程。

do...while 循环执行的过程是，先执行 do{}中循环体的内容，再判断 while()中布尔表达式的值是否为 true。如果为 true，则继续执行循环体，否则退出循环。

例如，下面的代码也可以输出数列 10、9、8、7、6、5：

```
int s = 10;
do{
   System.out.print(s+"\0");
   s--;
} while (s >=5);
```

## 案例——验证登录密码

本案例使用 do...while 循环对用户输入的密码进行验证。

（1）在 Eclipse 中新建一个 Java 项目 PasswordVerify，右击 src 节点，新建一个名称为 PasswordVerify 的类，所在包的名称为 ch03。

（2）在编辑器中输入代码，声明变量并输出。具体代码如下：

```
package ch03;
import java.util.Scanner;

public class PasswordVerify {
   public static void main(String[] args) {
       Scanner in = new Scanner(System.in);
       int EntryCode;
       do {
           System.out.println("Input your password: ");
           EntryCode = in.nextInt();
       }while(EntryCode!=987542);
       System.out.println("Login success!");
       in.close();
   }
}
```

（3）在工具栏中单击 Run 按钮，在 Console 窗格中根据提示输入密码，如果输入的密码与指定的密码不符，则再次输出提示信息，要求用户输入密码；如果密码正确，则输出一条提示信息，表示登录成功，如图 3-4 所示。

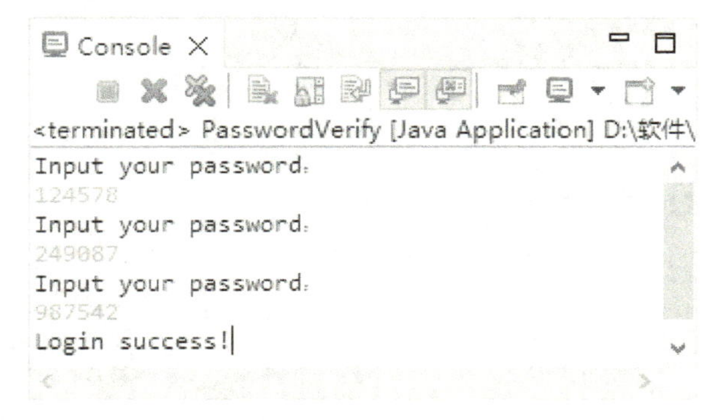


图 3-4　输出结果

## 四、中断循环语句

在执行循环语句时，如果要跳出循环，就需要用到中断循环语句：break 语句和 continue 语句。

break 语句用于中断循环，使循环不再执行。如果嵌套使用了多个循环语句，则 break 语句跳出的是最内层循环。

continue 语句与 break 语句类似，但它不会强制终止整个循环，而是会中断循环体中尚未执行的语句，强制开始下一次循环。对于 for 循环，continue 语句会使得条件判断和循环变量步进部分被执行；对于 while 和 do while 循环，continue 语句会导致程序控制回到条件判断语句上。

### 案例——输出奇数和偶数

本案例使用中断循环语句分别输出一个数列中的第 1 个偶数和所有奇数，帮助读者进一步了解 break 语句和 continue 语句的区别。

（1）在 Eclipse 中新建一个 Java 项目 OddEven，右击 src 目录，新建一个名称为 OddEven 的类，所在包的名称为 ch03。

（2）在编辑器中输入代码，声明变量并输出。具体代码如下：

```
package ch03;

public class OddEven {
    public static void main(String[] args) {
        for(int i=1;i<20;i++) {
            if (i%2 ==0) {
                System.out.println(i);
                //输出第 1 个偶数后跳出 for 循环
                break;
            }
        }
        System.out.println("---the first even number---\n");
        for(int i=1;i<20;i++) {
            if (i%2 ==0) {
                //i 为偶数时，循环中断，不执行输出语句，变量自身加 1，进入下一轮 for 循环
                continue;
            }
            //i 为奇数时执行输出语句，以空格符分隔
            System.out.print(i+"\0");

        }
        System.out.println("\n---all the odd numbers---");
    }
}
```

（3）在工具栏中单击 Run 按钮，即可在 Console 窗格中看到输出结果，如图 3-5 所示。

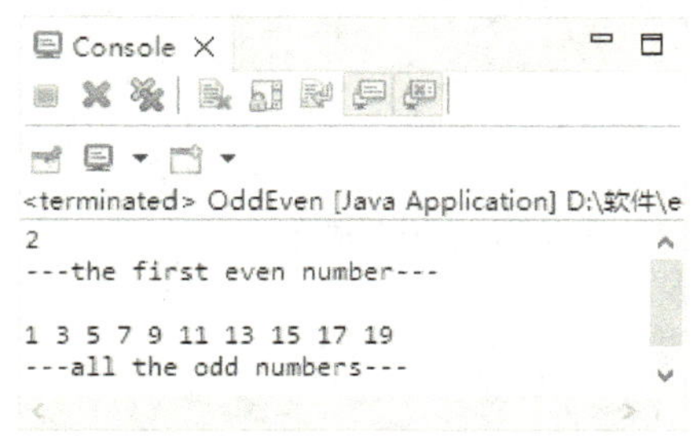


图 3-5　输出结果

## 五、循环嵌套

在较为复杂的循环结构中，通常会组合使用多种循环结构。一个循环体内部包含另一个完整的循环结构，称为循环嵌套。

在嵌套使用循环结构时，要注意控制循环的跳转，以免陷入无限循环。在循环嵌套语句中，break 语句只能使程序跳出包含它的最内层循环，如果要跳出外层循环，则需要配合使用标签。同样地，continue 语句配合使用标签，可以跳出指定的循环体。

带标签的 break 语句的语法格式如下：

```
标签名：循环体{
    break 标签名;
}
```

带标签的 continue 语句的语法格式如下：

```
标签名：循环体{
    continue 标签名;
}
```

### 案例——输出 3 的倍数

本案例使用循环嵌套语句及带标签的 continue 语句输出 1～100 之间 3 的倍数，且每行显示 5 个数。

（1）在 Eclipse 中新建一个 Java 项目 ContinueOuter，右击 src 节点，新建一个名称为 ContinueOuter 的类，所在包的名称为 ch03。

（2）在编辑器中输入代码，声明变量并输出。具体代码如下：

```
package ch03;

public class ContinueOuter {
    public static void main(String[] args) {
        int count=0;
        //定义标签位置
        outer:
            for(int i=1;i<=100;i++){
```

```
                while(i%3==0){
                    System.out.print(i+"\0");
                    count++;
                    //每行输出 5 个
                    if (count%5==0) {
                        System.out.println();
                    }
                    //根据标签结束循环
                    continue outer;
                }
            }
        }
}
```

（3）在工具栏中单击 Run 按钮，即可在 Console 窗格中看到输出结果，如图 3-6 所示。

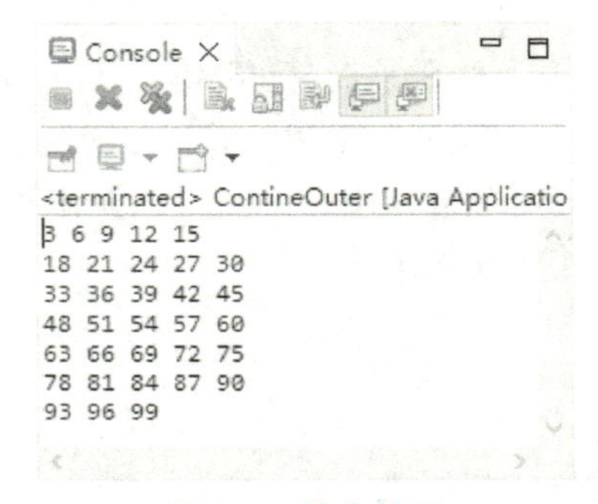


图 3-6　输出结果

如果本例没有指定标签，则执行上述语句时将陷入输出 3 的无限循环中。

## 案例——打印空心菱形

本案例通过嵌套使用 for 循环，在 Console 窗格中输出一个由*符号组成的空心菱形。

（1）在 Eclipse 中新建一个 Java 项目 DiamondPrint，右击 src 节点，新建一个名称为 Diamond 的类，所在包的名称为 ch03。

（2）在编辑器中输入代码，声明变量并输出。具体代码如下：

```
package ch03;

public class Diamond {
    public static void main(String[] args) {
        //输出菱形的上三角形，使用循环变量 j 控制行数
        for(int j=1;j<=4;j++){
                //输出空格符，使用变量 i 控制空格符的个数
                for(int i=1;i<=(9-j);i++){
                        System.out.print(" ");
                }
```

```
            //输出*符号，使用变量i控制*符号的个数
            for(int i=1;i<=(2*j-1);i++){
                if(i==1||i==(2*j-1)){
                    System.out.print("*");
                }else{
                    System.out.print(" ");
                }
            }
            //换行
            System.out.println();
        }

        //输出菱形的下三角形，使用变量j控制行数
        for(int j=1;j<=3;j++){//
            //输出空格符，使用变量i控制空格符的个数
            for(int i=1;i<=(j+5);i++){
                System.out.print(" ");
            }
            //输出*符号，使用变量i控制*符号的个数
            for(int i=1;i<=(7-2*j);i++){
                if(i==1||i==(7-2*j)){
                    System.out.print("*");
                }else{
                    System.out.print(" ");
                }
            }
            //换行
            System.out.println();
        }
    }
}
```

（3）在工具栏中单击 Run 按钮，即可在 Console 窗格中看到输出结果，如图 3-7 所示。

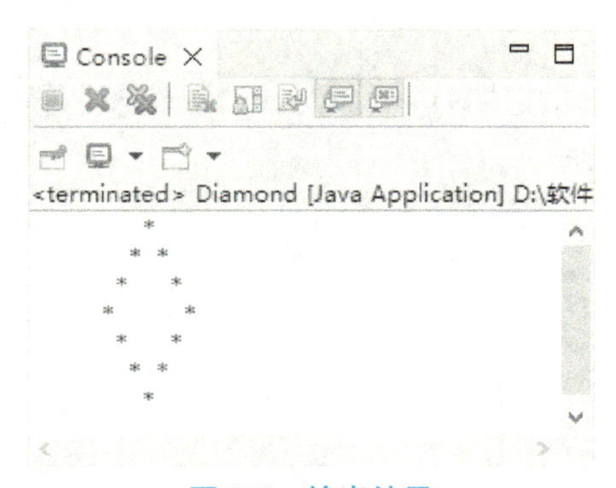


图 3-7　输出结果

# 项目总结

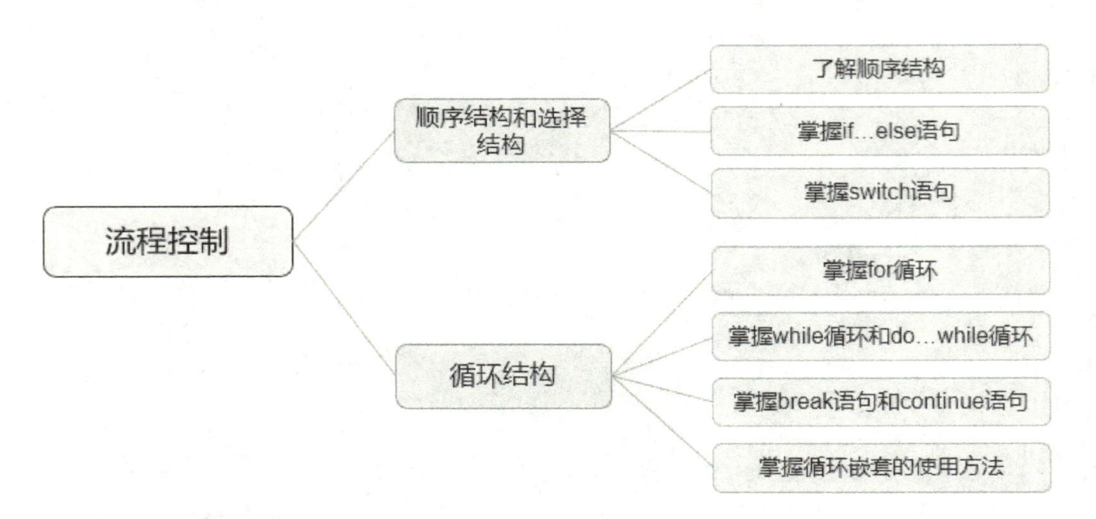


本项目主要介绍 Java 程序的流程控制语句，包括分支条件语句、循环语句和中断循环语句（也称跳转语句）。使用分支条件语句，可以基于布尔类型的值或其他特定类型（整数类型、枚举类型或字符串类型）的值执行不同的操作。使用循环语句可以在一定条件下重复执行某一程序代码段。使用跳转语句则可以灵活地执行循环体。其中，尤其要注意 switch 语句中条件表达式的值类型，没有匹配的 case 分支时的执行方式，以及 break 语句和 continue 语句的区别。

通过本项目的学习，读者应学会灵活地运用各种流程控制语句编写简洁、高效的程序。

# 项目实战

## 实战一：成绩查询

本实战要求输入某次比赛中某位参赛人员两个单项的成绩之和，并根据总分判断对应的奖项。总分大于或等于 18 分为一等奖，15～17 分为二等奖，11～14 分为三等奖，10 分及以下没有奖项。

（1）新建一个项目，首先在项目中添加 PrizeOffer 类，然后在 main()方法中编写代码。具体代码如下：

```
package ch03;
import java.util.Scanner;

public class PrizeOffer {
    public static void main(String[] args) {
        int score1,score2;
        int sum=0;
        //创建一个扫描器
```

```
        Scanner sc = new Scanner(System.in);
        System.out.print("请输入第一项成绩：");
        //获取第一项成绩
        score1 = sc.nextInt();
        System.out.print("请输入第二项成绩：");
        //获取第二项成绩
        score2 = sc.nextInt();
        //计算总分
        sum=score1+score2;
        System.out.println("你的总分为："+sum);
        //判断对应的奖项
        if(sum>=18){
            System.out.println("恭喜你获得一等奖！");
        }else if(sum>=15){
            System.out.println("恭喜你获得二等奖！");
        }else if(sum>10){
            System.out.println("恭喜你获得三等奖！");
        }else{
            System.out.println("继续努力哦！");
        }
            sc.close();
    }
}
```

（2）运行程序，根据提示输入两个单项的成绩，按 Enter 键，即可在 Console 窗格中看到计算的总分，以及对应的奖项，如图 3-8 所示。

图 3-8　输出结果

## 实战二：报数出列

初中某班有 45 个学生，在体育课上排列成 5×9 的队列报数。本实战使用循环结构、选择结构，并配合使用带标签的 break 语句，在报数到第 3 排第 6 列时，对应的学生出列，同时终止报数。

（1）新建一个项目，首先在项目中添加 NumberOff 类，然后在 main()方法中编写代码。具体代码如下：

```
package ch03;
```

```
public class NumberOff {
    public static void main(String[] args) {
        int num = 0;
        Outer: //定义标签
            //1~5 排
            for (int i = 1; i <= 5; i++) {
                //1~9 列
                for (int j = 1; j <= 9; j++) {
                    num++;
                    System.out.print(num+"\0");
                    if (num%9==0) {
                        //一行超出 9 个数就换行
                        System.out.println();
                    }
                    //报数到第 3 排第 6 列
                    if (i == 3 && j == 6) {
                        //输出同列的报数
                        System.out.println("\n 第" + i + "排, 第 " + j + "列: " +
num+"出列! ");
                        //跳出最外层的 for 循环
                        break Outer;
                    }
                }
            }
    }
}
```

（2）运行程序，即可在 Console 窗格中看到报数和出列情况，如图 3-9 所示。

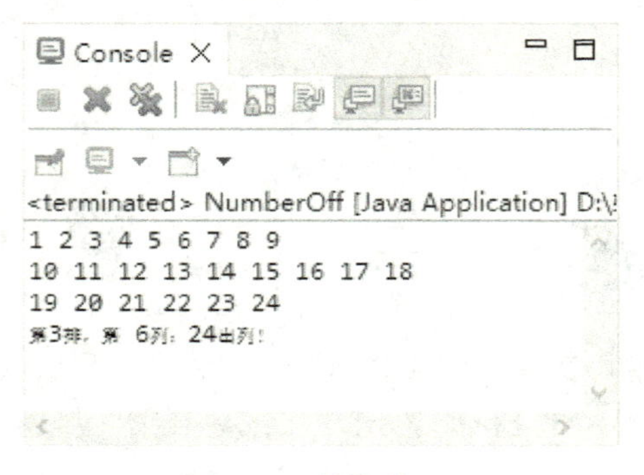


图 3-9　输出结果

# 习　题

1．利用 for 循环语句输出乘法口诀表。

2．编写一个 Java 程序，顺序输出 1～20 之间的所有质数。

提示：质数是指一个大于 1 的自然数，除 1 和它本身外，不能被其他自然数整除。

3．在 Console 窗格中输入星期数值，使用 switch 语句判断是否为周末，如果不是，则分别输出工作日每天的课程内容（假设每天的课程各不相同）。

4．某饭店配备有 4 人桌、8 人桌和包间（要求 9～16 人），在 Console 窗格中输入就餐人数，使用 if...else 多分支条件语句根据就餐人数分配餐桌。

# 项目四　数　组

## 思政目标

- 注重培养分析能力，主动拓宽自己的视野，避免思维局限。
- 对相关知识有正确的科学认识，把固化的东西学活，触类旁通。

## 技能目标

- 能够创建并初始化一维数组和二维数组。
- 能够引用数组元素并遍历数组。
- 能够使用 Arrays 工具类操作数组。

## 项目导读

在编写程序解决一些实际问题时，通常需要基于大量存储的数据进行计算，比如，某种产品不同批次的检测数据，某学校考试成绩中各班、各科的平均成绩。这些数据的类型、结构相同，如果逐个声明每个产品或每个学生的数据，不但会导致大量代码几乎完全相同，而且费时且不易维护。Java 提供了一种高效且条理清晰的数据结构——数组，用来解决这样的问题。

## 任务一　一维数组

### 任务引入

自从开始学习 Java 后，小白编写程序的兴趣越来越浓厚。作为机器人学习小组的组长，小白想编写一个程序来存储小组成员的考评成绩，以便后续的计算、排序等工作。但小组成员众多，难道需要定义若干个相同类型的变量吗？Java 中有没有一种数据类型，可以按一定顺序存储多个相同类型的数据呢？计算机专业的朋友告诉他，可以使用数组。

那么，在 Java 中如何创建并初始化数组呢？在使用数组时如何访问其中特定的元素或所有元素呢？Java 有没有提供实用工具用于便捷地操作数组呢？

## 知识准备

数组分为一维数组、二维数组及多维数组，是把相同数据类型的数据按照一定的先后次序排列，组织在一起的有序集合，并使用一个标识符进行封装，是一种引用数据类型的变量。本任务着重介绍一维数组和二维数组的创建及使用方法。

### 一、创建一维数组

一维数组可以被看作一组相同数据类型的数据的有序集合。其中，每个数据称为一个数组元素，按照排列顺序，由一个唯一的索引进行标识。整个序列有一个标识符，称为数组名称。数组元素的数据类型决定了数组的数据类型，可以是 Java 中任意的数据类型（基本数据类型或引用数据类型）。

与其他变量类似，数组必须先声明，再使用。一维数组的声明方式有两种：

```
元素数据类型 数组名称[];
元素数据类型[] 数组名称;
```

其中，[]表示声明的变量是一个数组，[]的数量代表了数组的维度，一个[]表示一维数组。

对于上面的第 1 种声明方式，读者应当不会陌生，因为这种方式与声明其他类型的变量的格式相同，例如：

```
int Scores[];          //声明一个用于存储整数的数组 Scores
```

虽然这种声明方式的语法没有问题，但是不推荐使用。

对于第 2 种声明方式，细心的读者应该也会觉得眼熟，因为 Java 程序中 main()方法的参数声明采用的就是这种方式。例如：

```
String[] args;                //声明一个用于存储字符串的数组 args
double[] TotalAmount;         //声明一个用于存储双精度值的数组 TotalAmount
```

数组在声明以后就可以使用了。由于数组是引用数据类型的变量，因此在声明时并不会在内存中为数组分配存储空间，而是会为其分配一个存储数组的引用地址的空间。该引用地址是数组中所有元素占用的内存空间的首地址。只有创建了数组，才会为数组中的所有元素分配内存空间。

Java 使用关键字 new 创建数组，语法格式如下：

```
数组名称= new 数组元素数据类型[元素个数];
```

数组名称必须是一个合法的标识符，元素个数指数组中包含的元素数目，也称数组的长度。例如：

```
myArr = new int[45];
```

上面的代码表示创建一个名称为 myArr 的数组，数组中元素的数据类型为 int，该数组可以存储 45 个 int 类型的元素。

注意：创建数组时必须指明数组的长度，创建数组后不能再修改数组的长度。

创建数组后，每个元素都会被自动赋值为数据类型对应的默认值。因此，创建数组myArr之后，其中存储的是45个初始值为0的int类型的元素。在Java中，数据类型的默认值如表4-1所示。

表4-1 数据类型的默认值

| 数据类型 | 默认值 |
| --- | --- |
| byte | 0 |
| short | 0 |
| int | 0 |
| long | 0 |
| char | '\u0000' |
| float | 0.0 |
| double | 0.0 |
| boolean | false |
| 引用数据类型 | null |

除了先声明再创建，还可以在声明数组的同时创建数组，为数组分配内存空间，语法格式如下：

```
元素数据类型 数组名称 = new 元素数据类型[元素个数];
```

例如，下面的代码用于声明数组myArr并为其分配内存空间：

```
int myArr = new int[45];
```

## 二、数组初始化

数组初始化是指创建数组时使用显式方式为数组中的每个元素赋值。在Java中，数组初始化有3种常用的方式，下面分别进行介绍。

### 1. 静态初始化

这种方式是指直接在定义数组的同时为数组元素分配内存空间并赋值，具体的语法格式如下：

```
元素类型 数组名称[] = {以逗号分隔的元素值};
```

例如：

```
int arr_A[] = {3,6,9,12};
```

需要注意的是，下面的初始化方法是错误的：

```
int[] arr_A ;
arr_A = {3,6,9,12};
```

### 2. 默认初始化

数组是引用数据类型的变量，其中的元素相当于类的实例变量。因此，数组一经分配内存空间，其中的每个元素都会按照与实例变量相同的方式被隐式初始化。具体的语法格式如下：

```
元素类型 数组名称[] = new 元素类型[元素个数] ;
```

例如：

```
int arr_A[] = new int[4];
```

此时，数组中的所有元素都有默认的初始值。

使用下面的语法格式可以指定初始值：

```
元素类型 数组名称[] = new 元素类型[] {以逗号分隔的元素值};
```

例如：

```
int arr_A = new int[] {3,6,9,12};
```

### 3. 动态初始化

这种方式是指先定义数组，并为数组元素分配内存空间，然后为数组元素赋值。具体的语法格式如下：

```
元素类型 数组名称[] = new 元素类型[元素个数] ;
```

或者

```
元素类型[] 数组名称;
数组名称 = new 元素类型[数组长度];
```

然后为数组元素赋值：

```
数组名称[0] = 第 1 个元素值 ;
数组名称[1] = 第 2 个元素值 ;
……
```

例如：

```
int[] arr ;
arr = new int[4]          //或者 int arr_A[] = new int[4];
arr_A[0] = 3;
arr_A[1] = 6;
arr_A[2] = 9;
arr_A[3] = 12;
```

上面的 3 段示例代码是等价的，都是为 int 类型的数组 arr_A 中的各个元素依次赋值为 3、6、9、12。

注意：前两种初始化的方式没有指定数组的长度，而数组的长度由给定的初始值的个数确定，不能另行指定数组的长度。

## 三、引用数组元素

在使用上一节介绍的第 3 种初始化方式时，实质是访问数组 arr_A 的每一个元素并赋值。Java 通过数组元素的下标（也称索引）引用数组中的具体元素，语法格式如下：

```
数组名称[元素下标（索引）]
```

例如，arr_A[1] = 6;语句表示访问数组的第 2 个元素，并将该元素赋值为 6。

需要注意的是，数组的下标是从 0 开始，增量为 1 的整数序列，最后一个元素的下标为数组的长度-1。

如果不知道数组是如何分配内存空间的，那么应该如何获取数组的长度呢？在 Java 中，数组是一个对象，有自己的属性和方法。利用其中的属性 length 可以得到数组的长度，语法格式如下：

```
数组名称.length
```

例如，表达式 arr_A.length 可以返回数组 arr_A 的长度，值的类型为 int。

### 案例——存储并输出商品数量

本案例使用数组存储 3 种商品的数量并输出。

（1）在 Eclipse 中新建一个 Java 项目 GoodsNum，右击 src 节点，新建一个名称为 GoodsNum 的类，所在包的名称为 ch04。

（2）在编辑器中输入代码，声明数组并输出。具体代码如下：

```
package ch04;

public class GoodsNum {
    public static void main(String[] args) {
        //声明数组并分配内存空间
        int[] amount=new int[3];
        //初始化数组
        amount[0]=1200;
        amount[1]=2405;
        amount[2]=1760;
        //通过下标引用数组元素，输出数组元素的值
        System.out.println("第 1 种商品的数量为："+amount[0]);
        System.out.println("第 2 种商品的数量为："+amount[1]);
        System.out.println("第 3 种商品的数量为："+amount[2]);
    }
}
```

（3）在工具栏中单击 Run 按钮，即可在 Console 窗格中看到输出结果，如图 4-1 所示。

图 4-1　输出结果

## 四、遍历一维数组

在上面的案例中，如果要存储、输出的数据很多，则一个一个地初始化这些数据并输出显然是一件很烦琐的事情。利用数组元素有规律的索引，并配合使用循环结构，可以很方便地遍历数组中的所有元素。

## 案例——输出最好成绩

本案例首先创建一个数组，用来存储某学习小组中 6 个成员的考评成绩，然后利用 for 循环遍历数组，找到该小组的最好成绩并输出。

（1）在 Eclipse 中新建一个 Java 项目 EvaluationScores，右击 src 节点，新建一个名称为 EvaluationScores 的类，所在包的名称为 ch04。

（2）在编辑器中输入代码，声明数组并输出。具体代码如下：

```
package ch04;

public class EvaluationScores {
    public static void main(String[] args) {
        //声明并初始化数组
        int[] scores=new int[] {93,89,98,92,99,94};
        //设最好成绩为第 1 位成员的成绩
        int max=scores[0];
        //变量 j 记录成绩最好的成员编号
        int j=0;
        //遍历数组，比较 max 与元素值
        for (int i=1;i<scores.length;i++) {
            if(max<scores[i]) {
                max=scores[i];
                //记录成绩较好的成员编号
                j=i+1;
            }
        }
        System.out.println("第 "+j+" 位成员获得最好成绩: "+max);
    }
}
```

（3）在工具栏中单击 Run 按钮，即可在 Console 窗格中看到输出结果，如图 4-2 所示。

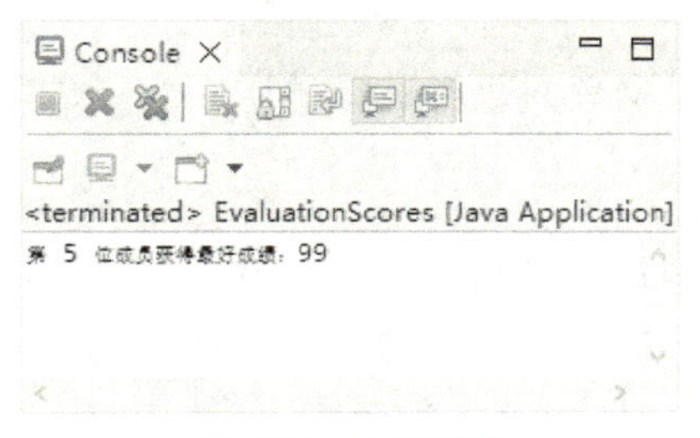


图 4-2 输出结果

### 五、使用 Arrays 工具类

定义数组中的元素后，如果要对数组中的元素进行分配，则可以使用 Arrays 工具类的 fill()方法填充和替换元素。

Arrays 类的全称是 java.util.Arrays，是 java.util 包中提供的一个用于操作数组的实用类。该类包含了一系列的静态方法，用于操作数组。下面简要介绍几个常用的静态方法。

### 1. fill()

该方法可以将指定的 int 值分配给 int 类型数组的每个元素，语法格式如下：

```
Arrays.fill(数组,值)
```

其中，第 1 个参数是要进行元素分配的数组，第 2 个参数是要分配给数组中所有元素的值。

### 2. sort()

该方法可以将 char 类型数组中的元素按照元素值由小到大进行排列，语法格式如下：

```
Arrays.sort(数组)
```

### 3. toString()

该方法可以对数组进行遍历查看，将数组中的所有元素以一个字符串的形式返回，语法格式如下：

```
Arrays.toString(数组)
```

### 4. equals()

该方法可以比较两个同种类型的数组的值是否相同，并返回布尔类型的逻辑值，语法格式如下：

```
Arrays.equals(数组1,数组2)
```

注意：只有当两个数组的类型相同，元素个数相同，且对应位置的元素也相同时，才表示两个数组相同。

### 5. binarySearch()

该方法可以按照二分查找算法查找数组中是否包含指定的值，如果包含，则返回该值在数组中的索引；如果不包含，则返回负值。具体的语法格式如下：

```
Arrays.binarySearch(数组,值)
```

注意：在调用该方法之前必须对数组进行排序，返回值类型为 int。

### 6. copyOf()

该方法可以将指定的数组从索引为 0 的元素开始复制到指定长度的新数组中。如果指定的长度超过源数组的长度，则用 null 进行填充。具体的语法格式如下：

```
Arrays.copyOf(源数组,新长度)
```

### 7. copyOfRange()

该方法可以将源数组中指定下标范围内的元素复制到一个新数组中，语法格式如下：

```
Arrays.copyOfRange(源数组,开始索引,结束索引)
```

**注意**：在调用该方法复制数组元素时，包含开始索引位置的元素，但不包含结束索引位置的元素。

## 案例——复制并排序数组

本案例首先创建一个字符数组，并复制数组中的前 3 个元素到新数组中，然后对新数组排序，并返回指定字母在排序后的新数组中的索引。

（1）在 Eclipse 中新建一个 Java 项目 CopySort，右击 src 节点，新建一个名称为 CopySort 的类，所在包的名称为 ch04。

（2）在编辑器中输入代码，声明数组并输出。具体代码如下：

```
package ch04;

import java.util.Arrays;

public class CopySort {
    public static void main(String[] args) {
        //初始化源数组
        char arr[]= new char[5];
        arr[0]='H';
        arr[1]='A';
        arr[2]=arr[3]='P';
        arr[4]='Y';
        //查看源数组内容
        String words;
        words = Arrays.toString(arr);
        System.out.println("源数组内容："+words);
        //复制源数组的前 3 个元素到 newArr 数组中，并输出
        char[] newArr=Arrays.copyOf(arr, 3);
        words = Arrays.toString(newArr);
        System.out.println("复制的数组内容："+words);
        //数组元素排序并输出
        Arrays.sort(newArr);
        System.out.println("排序后的数组内容："+Arrays.toString(newArr));
        //查找字母 P 在排序后的数组中的位置
        int p;
        p=Arrays.binarySearch(arr,'P');
        System.out.println("字母 P 在排序后的数组中的索引为："+p);
    }
}
```

（3）在工具栏中单击 Run 按钮，即可在 Console 窗格中看到输出结果，如图 4-3 所示。

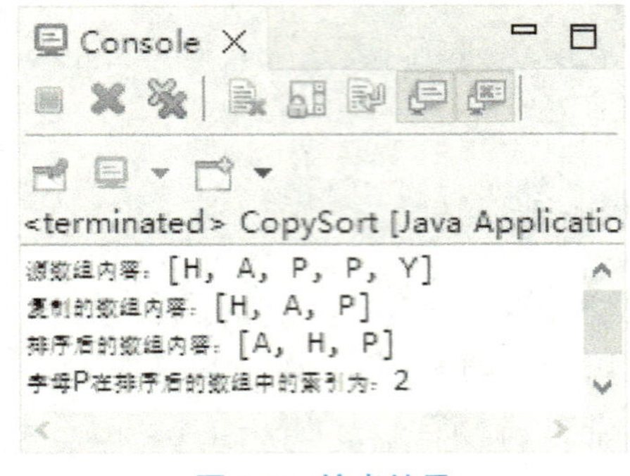


图 4-3　输出结果

# 任务二　二维数组

## 任务引入

通过上一个任务的学习，小白掌握了一维数组的创建和使用方法。恰逢暑假，小白找了一份办公室文员的兼职工作，月底需要上报各个部门的缺勤人数。完成工作任务后的闲暇之余，小白想通过 Java 程序实现这项任务，以巩固自己所学的 Java 知识。

小白觉得创建两个数组来分别存储部门名称和对应的缺勤人数固然可行，但这样并不方便，他想在一个变量中同时存储部门名称（使用数值编号表示部门名称）和对应的缺勤人数，这时应该怎么办呢？通过上网查询，小白发现，二维数组可以像数学中的矩阵一样采用行列的方式存储数据。这样的话，就可以一行存储部门名称，一行存储对应的缺勤人数。那么在 Java 中，如何创建二维数组并为其赋值呢？如何访问二维数组中的每个元素呢？

## 知识准备

### 一、创建二维数组

二维数组可以被看作数组的数组，也就是说，数组中的每个元素也是一个数组。二维数组的声明方式与一维数组类似，也有两种，不同的是，二维数组中包含两个方括号[]。具体的语法格式如下：

```
元素数据类型 数组名称[][];
元素数据类型[][] 数组名称;
```

第 2 种格式是 Java 惯用的格式。例如，下面的语句使用两种方式声明了一个 char 类型的二维数组 textlist：

```
char textlist[][];
char[][] textlist;
```

与一维数组相同，在声明二维数组时也不会为其分配内存空间，需要使用关键字 new 创建数组并分配内存空间。在创建二维数组时，必须指定第一维的长度，可以省略第二维的长度。例如：

```
//声明并分配内存空间
```

```
int arr_B[][];
arr_B=new int[3][4];
//首先指定第一维的长度，省略第二维的长度，然后分别指定各个元素第二维的长度
int arr_B[][];
arr_B = new int[3][];
arr_B[0] = new int[4];
arr_B[1] = new int[4];
arr_B[2] = new int[4];
```

上面的示例代码使用两种方式创建了一个二维数组 arr_B。第一种方式直接指定了两个维度的长度，第一维包含 3 个元素，第二维包含 4 个元素。第二种方式先指定第一维的长度，省略第二维的长度，表明第一维包含 3 个元素——arr_B[0]、arr_B[1]和 arr_B[2]，且每个元素都是一个包含 4 个元素的数组。例如，arr_B[1]包含的元素为 arr_B[1][0]、arr_B[1][1]、arr_B[1][2]和 arr_B[1][3]。

在具体应用过程中，有时也将二维数组的第一维称为行，将第二维称为列，也就是说，示例中的二维数组 arr_B 是一个包含 3 行 4 列共 12 个元素的数组。

除了各个元素及行/列数都相同的常规二维数组，还可以创建不规则的二维数组，也就是数组元素第一维的长度相同，第二维的长度不同的数组。创建方法与上面创建二维数组的第二种方式类似，先指定第一维的长度，省略第二维的长度，然后分别声明每个元素第二维的长度。例如，下面的代码创建了一个不规则的二维数组 ir_Arr：

```
//首先指定第一维的长度，省略第二维的长度，然后分别指定各个元素第二维的长度
int [][] ir_Arr = new int[3][];
ir_Arr[0]=new int[2];
ir_Arr[1]=new int[4];
ir_Arr[2]=new int[3];
```

在上述示例代码创建的二维数组中，第一维包含 3 个元素——ir_Arr[0]、ir_Arr[1]和 ir_Arr[2]，第二维的长度则各不相同。例如，ir_Arr[0]的第二维是一个包含 2 个元素的数组，ir_Arr[1]的第二维是一个包含 4 个元素的数组，ir_Arr[2]的第二维是一个包含 3 个元素的数组。

## 二、二维数组的赋值

二维数组的赋值与一维数组相同，也有 3 种方式，都是直接将元素值包含在{}中。不同的是，二维数组有两个索引，每一行的元素值都包含在{}中。例如：

```
//第一种赋值方式
//3 行 3 列的二维数组赋值
int[][] arr = {{1,3,5},{2,4,6},{3,6,9}};
//不规则的二维数组赋值
int[][] ir_arr = {{1,5},{2,4,6},{6,9}};
//第二种赋值方式
```

```
int arr [][]= new int[][] {{1,3,5},{2,4,6},{3,6,9}};
//第三种赋值方式
int arr [][]= new int[3][3];
arr [0]= new int[] {1,3,5};
arr [1]= new int[] {2,4,6};
arr [2]= new int[] {3,6,9};
//或者
arr [2][0]= 3;
arr [2][1]= 6;
arr [2][2]= 9;
```

对于第三种赋值方式，在分配内存空间后，我们可以采用两种方法进行赋值：一种是直接将一个一维数组赋给一行；另一种是为每一行的元素分别赋值。

## 案例——上报缺勤人数

本案例使用二维数组存储了某公司 3 个部门本月的缺勤人数及总缺勤人数，并输出。

（1）在 Eclipse 中新建一个 Java 项目 AbsentRecord，右击 src 节点，新建一个名称为 AbsentRecord 的类，所在包的名称为 ch04。

（2）在编辑器中输入代码，声明数组并输出。具体代码如下：

```
package ch04;

public class AbsentRecord {
    public static void main(String[] args) {
        //定义二维数组并初始化
        int[][] departPerNum = {{1, 2, 3}, {5, 3, 7}};
        //总缺勤人数的初始值为 0
        int TotalNum = 0;
        System.out.println("本月缺勤部门和人数信息如下：");
        //输出各部门的缺勤人数并计算总和
        for (int i = 0; i < 3; i++) {
            System.out.println("部门 NO."+departPerNum[0][i] + "缺勤人数为： " +
departPerNum[1][i] + " 人；");
            TotalNum += departPerNum[1][i];
        }
        System.out.println("本月总缺勤人数为： " + TotalNum + " 人。");
    }
}
```

（3）在工具栏中单击 Run 按钮，即可在 Console 窗格中看到输出结果，如图 4-4 所示。

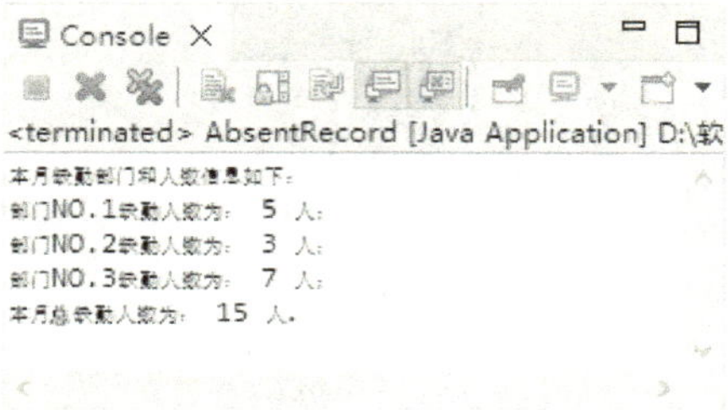

```
Console
<terminated> AbsentRecord [Java Application] D:\软
本月缺勤部门和人数信息如下：
部门NO.1缺勤人数为： 5 人；
部门NO.2缺勤人数为： 3 人；
部门NO.3缺勤人数为： 7 人；
本月总缺勤人数为： 15 人。
```

图 4-4　运行结果

## 三、遍历二维数组

二维数组可以利用两层嵌套的 for 循环遍历所有的行标和列标，从而访问数组中的每个元素。

需要注意的是，对于给定的二维数组 arr[][]，在使用 length 属性返回数组长度时，arr.length 返回的是二维数组的行数，arr[i].length 返回的是第（i-1）行的列数。如果是不规则数组，则每一行的列数也不相同，因此，在遍历二维数组时，最好使用数组的 length 属性控制循环次数。

### 案例——转置二维数组

本案例创建了一个 3 行 4 列的二维数组，将数组元素转置并输出。

（1）在 Eclipse 中新建一个 Java 项目 ArrTranspose，右击 src 节点，新建一个名称为 ArrTranspose 的类，所在包的名称为 ch04。

（2）在编辑器中输入代码，声明数组并输出。具体代码如下：

```
package ch04;

public class ArrTranspose {
    public static void main(String[] args) {
        //初始化二维数组
        int[][] arr_A = {{1,2,3,4},{5,6,7,8},{9,10,11,12}};
        //声明并初始化转置后的二维数组
        int[][] arr_B = new int [4][3];
        //定义循环变量
        int i,j;
        System.out.println("———原二维数组———：");
        //遍历原二维数组并输出，每一行的元素使用制表符分隔
        for (i=0;i<arr_A.length;i++) {
            for (j=0;j<arr_A[i].length;j++) {
                System.out.print(arr_A[i][j]+"\t");
            }
            //行之间使用换行符分隔
            System.out.println();
        }
```

```
        //对数组元素进行转置
        for (i=0;i<arr_A.length;i++) {
            for(j =0;j<arr_A[i].length;j++) {
                arr_B[j][i] = arr_A[i][j];
            }
        }
        System.out.println("---转置后的二维数组---");
        //遍历转置后的二维数组并输出
        for (i=0;i<arr_B.length;i++) {
            for (j=0;j<arr_B[i].length;j++) {
                System.out.print(arr_B[i][j]+"\t");
            }
            System.out.println();
        }
    }
}
```

（3）在工具栏中单击 Run 按钮，即可在 Console 窗格中看到输出结果，如图 4-5 所示。

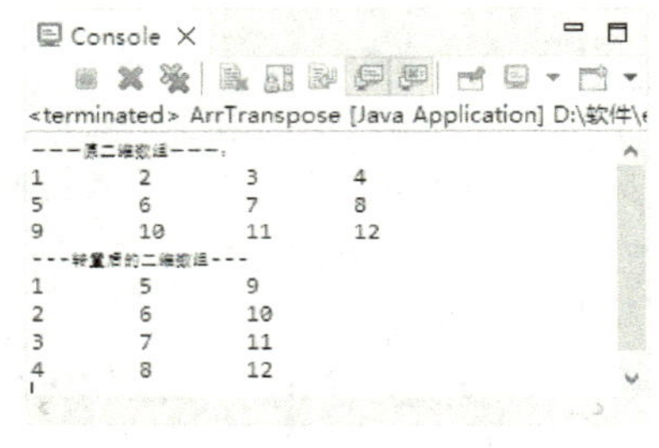


图 4-5　输出结果

## 项目总结

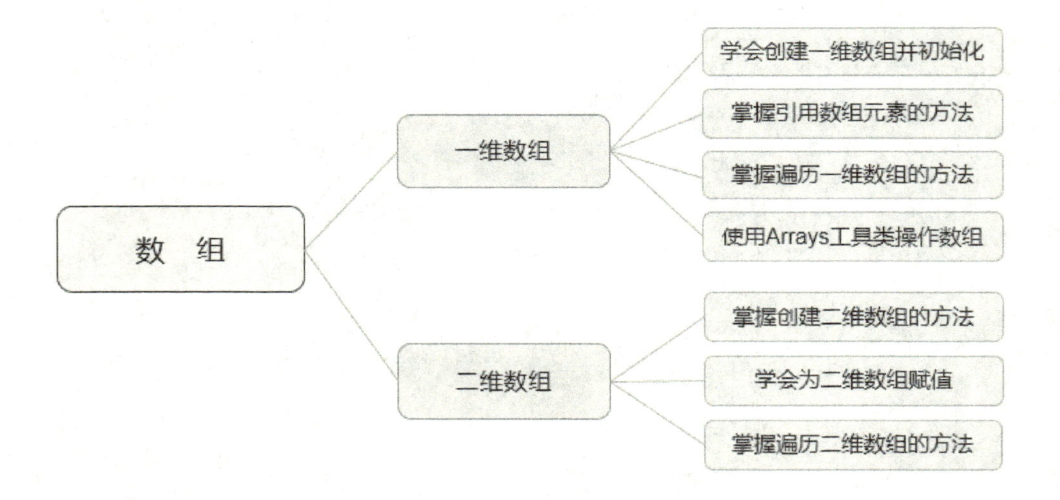

本项目介绍了一维数组和二维数组的创建与使用方法。读者需要重点了解数组元素的索引是从 0 开始的，掌握为数组元素赋初始值、引用数组元素，以及获取数组长度的方法，学会使用 Arrays 工具类操作数组。

## 项目实战

### 实战一：查询指定元素的位置

本实战创建了一个 int 类型的一维数组，在数组中查找指定的数值并返回。

（1）在 Eclipse 中新建一个 Java 项目 SearchDemo，右击 src 节点，新建一个名称为 SearchDemo 的类，所在包的名称为 ch04。

（2）在编辑器中输入代码，声明数组并输出。具体代码如下：

```
package ch04;

public class SearchDemo {
    public static void main(String[] args) {
        //创建一个数组
        int[] arr = {20,45,32,18,37,54};
        //输出数组元素，使用制表符分隔
        System.out.println("---数组元素---");
        for(int i=0;i<arr.length;i++){
            System.out.print(arr[i]+"\t");
        }
        System.out.println();
        //初始化索引，不能是给定数组的索引
        int index = -1;
        //遍历数组，查找值为 37 的元素对应的索引
       for(int i=0;i<arr.length;i++){
           if(arr[i]==37){
              index = i;
              //找到指定元素就跳出循环
              break;
           }
       }
       //判断返回的索引是否在数组的索引范围内
       if(index!=-1){
           System.out.println("37 对应的索引为: "+index);
       }else{
           //返回值为-1，表明遍历数组时没有找到指定的数值
           System.out.println("数组中不包含 37! ");
       }
    }
}
```

（3）在工具栏中单击 Run 按钮，即可在 Console 窗格中看到输出结果，如图 4-6 所示。

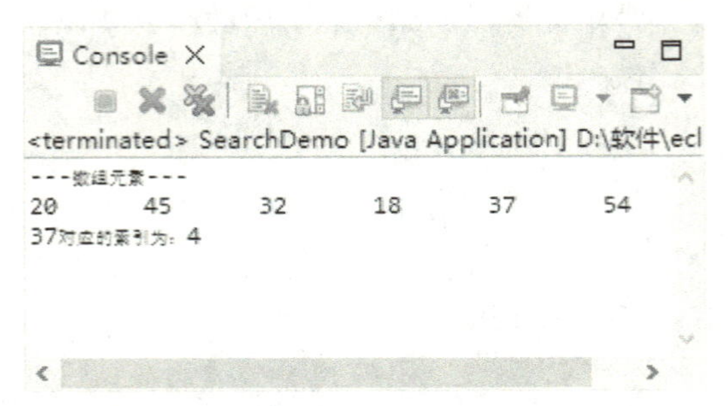


图 4-6　输出结果

## 实战二：替换二维数组的元素值

本实战创建了一个 int 类型的二维数组，先使用默认值初始化，再替换该数组的元素值，使每个元素的值为其两个下标的和。

（1）在 Eclipse 中新建一个 Java 项目 ChangeValue，右击 src 节点，新建一个名称为 ChangeValue 的类，所在包的名称为 ch04。

（2）在编辑器中输入代码，声明数组并输出。具体代码如下：

```
package ch04;

public class ChangeValue {
    public static void main(String[] args) {
        //使用默认值初始化二维数组
        int[][] arr = new int[2][3];
        int i,j;
        //遍历二维数组，显示元素值
        System.out.println("---填充值之后的数组---");

        for (i=0;i<arr.length;i++) {
            for (j=0;j<arr[i].length;j++) {
                System.out.print(arr[i][j]+"\t");
            }
            //每行都使用换行符分隔
            System.out.println();
        }
        System.out.println();
        //遍历二维数组，替换元素值
        System.out.println("---替换值之后的数组---");
        for (i=0;i<arr.length;i++) {
            for (j=0;j<arr[i].length;j++) {
                arr[i][j]=i+j;
                System.out.print(arr[i][j]+"\t");
            }
```

```
            //每行都使用换行符分隔
            System.out.println();
        }
    }
}
```

（3）在工具栏中单击 Run 按钮，即可在 Console 窗格中看到输出结果，如图 4-7 所示。

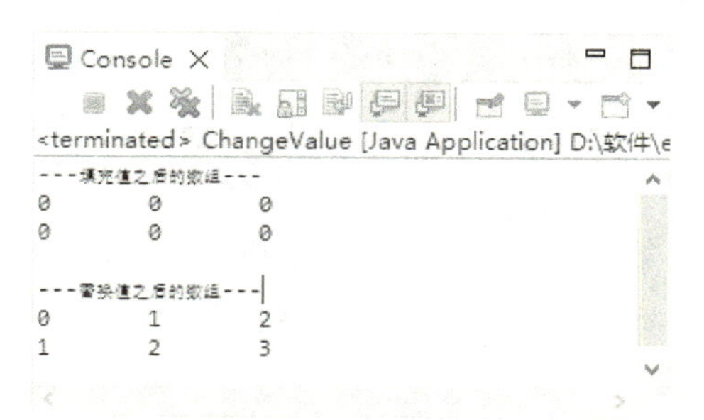


图 4-7 输出结果

## 实战三：诗词排版

本实战使用不规则的字符型二维数组将宋词《定风波》中的部分词句打印输出。

（1）在 Eclipse 中新建一个 Java 项目，在项目中添加一个名称为 DingFengBo 的类，所在包的名称为 ch04。

（2）在编辑器中输入代码，声明数组并输出。具体代码如下：

```
package ch04;

public class DingFengBo {
    public static void main(String[] args) {
        //初始化二维数组
        char arr[][] = new char[6][];
        arr[0] = new char[] {'料','峭','春','风','吹','酒','醒'};
        arr[1] = new char[] {'微','冷'};
        arr[2] = new char[] {'山','头','斜','照','却','相','迎'};
        arr[3] = new char[] {'回','首','向','来','萧','瑟','处'};
        arr[4] = new char[] {'归','去'};
        arr[5] = new char[] {'也','无','风','雨','也','无','晴'};
        //遍历不规则数组，输出数组元素
        for (int i=0;i<arr.length;i++) {
            for(int j =0;j<arr[i].length;j++) {
                System.out.print(arr[i][j]);
            }
        System.out.println();
        }
    }
}
```

（3）运行程序，输出结果如图 4-8 所示。

图 4-8　输出结果

## 习　　题

1．使用一个一维数组存储字符串"How nice you are!"中的每一个字符（包括空格和标点），并输出该字符串。

2．编写一个程序，使用数组存储 8 个学生的姓名，利用二分查找算法查找该数组中是否包含指定的姓名，如果包含，则返回该值在数组中的索引；如果不包含，则返回负值。

3．假设某班课堂测试包含 8 道题，已知测试题的标准答案，要求使用一个二维数组存储某小组 6 名学生的课堂测试情况，并输出这 6 名学生的学号、答案及答对的题数。

# 项目五　字　符　串

## 思政目标

- 从基础入手，脚踏实地，逐步培养乐于实践的学习习惯。
- 培养解决问题的能力，求真务实、精益求精。

## 技能目标

- 能够创建字符串并对其进行连接、提取和转换等操作。
- 掌握 String 类和 StringBuffer 类的异同点。
- 能够创建可变字符串，并进行添加、删除、修改等操作。

## 项目导读

在 Java 中处理字符时，有时会涉及大篇幅的文本，如果使用 char 类型，则不但烦琐，而且效率很低。Java 提供了一种存储结构类似于数组的数据类型 String，它可以把字符串当作对象进行处理，从而很方便地对字符串进行各种操作。

## 任务一　String 类字符串

### 任务引入

小白在学校附近的便利店货架上给小表弟挑选玩具，由于货架上的商品太杂乱，因此无法快速找到心仪的玩具。当时小白就在想，如果有一台智能设备，用户只要在屏幕上输入想要的东西名称或关键字，就能知道自己要找的东西在哪，这样多方便。

回家的路上，小白还在琢磨如何用自己所学的 Java 知识实现这种“智能设备”。首要的问题是，商品的很多属性都不是单个字符，因此使用 char 类型存储它们显然操作不方便且效率低下。如果后期要修改其中的个别字符，则更加麻烦。

通过查阅资料，小白得知强大的 Java 提供了存储多个字符甚至大篇幅字符内容的数据结构——字符串。那么，在Java中如何创建字符串呢？如果要连接多个字符串、提取字符串中的部分内容、判断字符串中是否包含指定的字符或以特定的字符结束/开头，又该如何操作呢？

## 知识准备

字符串是由若干个字符有序拼接而成的文本值，在存储方式上类似于数组。Java用String类描述字符串，将字符串当作对象进行了封装，以便对字符串进行操作。

### 一、创建字符串

在Java中，使用关键字String声明字符串。与字符不同的是，字符串中可以包含若干个字符，可以显示任何文本信息，且字符串中的字符必须被包含在双引号中。

字符串有多种创建方式，最常见的创建方式与其他基本数据类型的创建方式相同，都是先声明再赋值，或者在声明的同时进行赋值，例如：

```
//先声明再赋值
String s;
s = "We're good kids!";
//在声明的同时赋值
String s1 = "Welcome to Beijing!";
String s2 = "54321";
//s3是没有内容的字符串
String s3 = "";
```

**注意：** 字符串是常量，一旦初始化后就不能更改。如果没有给字符串指定初始值，则其默认值为null。

由于Java使用java.lang.String类封装了字符串对象，因此可以使用实例化对象的方法构造字符串。例如：

```
//创建一个空内容的字符串
String s1 = new String();
//创建一个包含多个字符的字符串
String s2 = new String("I love my hometown!");
```

除此之外，还可以将字符数组转换为字符串，语法格式如下：

```
new String(char[]);
```

例如：

```
//创建一个字符数组
char[] arr = {'莫','听','穿','林','打','叶','声'};
//创建字符串
String s = new String(arr);
```

如果字符数组中包含需要的字符，则可以提取这些字符来创建字符串，语法格式如下：

```
new String(char[],offset,count);//将字符数组中的一部分转换为字符串
```

其中，第1个参数为字符数组，第2个参数为提取字符的开始位置，第3个参数为要

提取的字符个数。

例如：

```
//创建一个字符数组
char[] arr = {'莫','听','穿','林','打','叶','声'};
//在字符数组 arr 中从索引 2 开始，提取 2 个连续的字符并转换成字符串
String s = new String(arr,2,2);    //输出"穿林"
```

## 二、连接字符串

在程序设计中，有时需要将多个字符串连接起来以生成一个新的字符串。例如，本书的案例中经常涉及连接多个字符串以输出信息的情况：

```
System.out.println("\n第" + i + "排，第 " + j + "列：" + num+"出列！");
```

上面的语句使用运算符+将多个字符串和变量的值进行连接，生成最终的输出文本。

在连接字符串时，如果某个字符串太长，在一行中输入不便于阅读，也可以使用+将字符串断开成多行。例如：

```
System.out.println("莫听穿林打叶声，"+
"何妨吟啸且徐行。"+
"竹杖芒鞋轻胜马，谁怕？"+
"一蓑烟雨任平生。");
```

除了使用+连接字符串，String 类还自带了 concat()方法，用于在当前字符串末尾追加指定的字符串，语法格式如下：

```
字符串名称.concat(要追加的字符串);
```

例如：

```
String s1 = "CCTV14 06:30-07:00 播出的节目是：";
String s2 = "小小智慧树";     //要追加的字符串
String s = s1.concat(s2);  //CCTV14 06:30-07:00 播出的节目是：小小智慧树
```

## 案例——打印购物小票

本案例通过连接字符串，打印一张购物小票。

（1）新建一个 Java 项目，在项目中添加一个名称为 ShoppingList 的类。

（2）引入 java.text.DecimalFormat 类，并在 ShoppingList 类定义中添加 main()方法，编写实现代码。具体代码如下：

```
import java.text.DecimalFormat;

public class ShoppingList {
    public static void main(String[] args) {
        //商品单价
        float price1 = 12.50f;
        float price2 = 14.90f;
        //商品数量
        float amount1 = 1.20f;
```

```
        float amount2 = 1.00f;
        //商品总价
        float total1 = price1*amount1;
        float total2 = price2*amount2;
        //设置数值精度，四舍五入保留两位小数
        DecimalFormat df = new DecimalFormat("#.00");
        //打印信息
        System.out.println("南国先天下店");
        System.out.println("     2021.12.12");
        System.out.println("-----------------");
        System.out.println("名称\t 代码\t 售价\t 数量\t 金额");
        System.out.println("1>水果"+"\t"+"1567\t"+df.format(price1)+"\t"+df.
format(amount1)+"\t"+df.format (total1));
        System.out.println("2>糕点"+"\t"+"6567\t"+df.format(price2) +"\t"+df.
format(amount2)+"\t"+df.format (total2));
        System.out.println("-----------------");
        System.out.println("共 2 项，数量：2");
        System.out.println("合计："+df.format(total1+total2));
        System.out.println("实 收 ： "+df.format(total1+total2)+"\0\0"+" 找 款：
0.00");
        System.out.println("-----------------");
        System.out.println("\0 为保障权益，请保留小票");
    }
}
```

（3）运行程序，输出结果如图 5-1 所示。

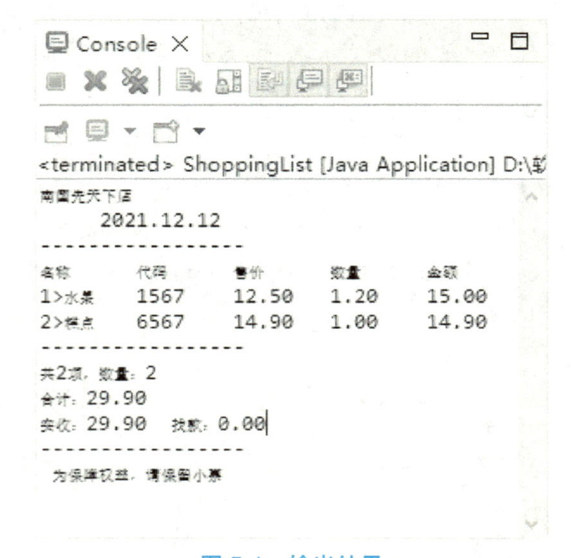


图 5-1　输出结果

## 三、提取字符串内容

Java 将字符串作为对象进行处理，因此可以使用 String 类的方法执行多种操作，如获取字符串的长度、获取指定位置的字符、提取子串，等等。下面简要介绍几种常用的操作方法。

### 1. 获取字符串的长度

与数组类似，使用 String 类的 length()方法可以获取字符串的长度。该方法可以返回字符串中包含的字符个数，具体的语法格式如下：

```
字符串名称.length();
```

例如：

```
String s = "竹杖芒鞋轻胜马，谁怕？";
int size = s.length();  //11
```

从上面的示例结果中可以看到，字符串中的标点符号（甚至空格）也是一个字符。

### 2. 获取指定位置的字符

使用 charAt()方法可以获取字符串中指定位置的字符，返回值的类型为 char，语法格式如下：

```
字符串名称.charAt(int index);
```

其中，参数 index 是字符的索引。例如：

```
String s = "男左女右";
char gender1 = s.charAt(0);          //男
char gender2 = s.charAt(2);          //女
```

### 3. 获取指定字符或子串的位置

如果要得到指定字符或子串在字符串中首次出现的位置，则可以使用 indexOf()方法，返回值的类型为 int。如果指定的字符或子串不存在，则返回-1。语法格式如下：

```
字符串名称.indexOf(要查找的字符或子串);
```

例如：

```
String s = "How are you.";
int add1 = s.indexOf('o');           //1，字符'o'首次出现的位置
int add2 = s.indexOf("are");         //4，字符串"are"首次出现的位置
```

如果要返回从指定位置开始首次出现的位置，则可以添加一个位置参数，具体的语法格式如下：

```
字符串名称.indexOf(要查找的字符或子串,指定位置的索引);
```

例如：

```
String s = "Who are you?";
//从第 3 个字符开始查找，字符'o'首次出现的位置
int add1 = s.indexOf('o',2);         //2
//从第 6 个字符开始查找，字符串"are"首次出现的位置
int add2 = s.indexOf("are",5);       //-1，找不到
```

### 4. 提取子串

使用 substring()方法可以在字符串中提取指定范围的子串，语法格式如下：

```
字符串名称.substring(开始位置,结束位置);
```

其中，结束位置参数可以被省略。如果省略结束位置参数，则表示提取从开始位置到字符串结束的所有字符，生成一个新的字符串；否则提取指定范围的字符，生成一个新的字符串，包含开始位置的字符，不包含结束位置的字符。例如：

```
String s = "The shooting star swished a small arc across the sky.";
//提取第 27 个字符开始的子串
String s1 = s.substring(26);        //a small arc across the sky.
//提取第 5 个字符到第 17 个字符（不包含），生成新的字符串
String s2 = s.substring(4,16);      //shooting sta
//提取整个字符串
String s3 = s.substring(0,s.length());
```

## 案例——显示出生日期

本案例从用户输入的身份证号中提取出生日期并输出。

（1）新建一个 Java 项目，在项目中添加一个名称为 BirthdayTest 的类。

（2）引入 java.util.Scanner 类，并在 BirthdayTest 类定义中添加 main()方法，编写实现代码。具体代码如下：

```
import java.util.Scanner;
public class BirthdayTest {
    public static void main(String[] args) {
        //创建扫描器
        Scanner sc = new Scanner(System.in);
        //输出提示信息
        System.out.println("请输入身份证号：");
        //获取输入的字符串
        String id = sc.next();
        //如果输入的身份证号不是 18 位，则提示用户重新输入
        while(id.length()!=18){
            System.out.println("请输入 18 位的身份证号");
            id = sc.next();
        }
        //提取出生日期子串
        String s = id.substring(6,14);
        //提取年份
        String year = s.substring(0,4);
        //提取月份
        String month = s.substring(4,6);
        //如果月份首字符为'0'，则删除'0'
        char m = month.charAt(0);
```

```
        if (m=='0') {
            month = s.substring(5,6);
        }

        String day = s.substring(6);
        //如果日期首字符为'0'，则删除'0'
        char d = day.charAt(0);
        if (d=='0') {
            day = s.substring(s.length()-1);
        }
        System.out.println("出生日期："+year+" 年 "+month+
" 月 "+day+" 日 ");
        sc.close();
    }
}
```

（3）运行程序，输出结果如图 5-2 所示。

图 5-2　输出结果

## 四、判断字符串

在实际应用中，有时需要判断字符串中是否包含指定的字符串，字符串是否以指定的字符串开头或结束，以及比较两个字符串是否相同。Java 提供了相应的方法来实现这些需求。

### 1. contains()方法

使用该方法可以判断字符串中是否包含指定的字符串，并返回布尔类型的逻辑值。语法格式如下：

```
字符串名称.contains(要查找的字符串);
```

例如，下面的代码用于判断字符串 s 中是否包含字符串 zc：

```
String s = "Happy Birthday!";          //源字符串
String zc = "day";                     //要查找的字符内容
boolean isexist = s.contains(zc);      //true
```

### 2. startsWith()方法

使用该方法可以判断字符串是否以指定的字符串开头，并返回布尔类型的逻辑值。语法格式如下：

```
字符串名称.startsWith(指定的字符串);
```

例如，下面的代码用于判断字符串 s 是否以字符串 zc 开头：

```
String s = "How are you!";                //源字符串
String zc = "Who";
boolean isstart = s.startsWith(zc);       //false
```

### 3. endsWith()方法

使用该方法可以判断字符串是否以指定的字符串结束，并返回布尔类型的逻辑值。语法格式如下：

```
字符串名称.endsWith(指定的字符串);
```

例如，下面的代码用于判断字符串 s 是否以字符串 zc 结束：

```
String s = "液晶电视!";                   //源字符串
String zc = "电视";
boolean isend = s.endsWith(zc);           //true
```

### 4. equals()方法

使用该方法可以判断当前字符串是否与指定的字符串相同，并返回布尔类型的逻辑值。语法格式如下：

```
当前字符串名称.equals(指定的字符串);
```

例如，下面的代码用于判断字符串 s1 和 s2 是否相同：

```
String s1 = "home town";                  //当前字符串
String s2 = "hometown";                   //要比较的字符串
boolean issame = s1.equals(s2);           //false
```

注意：要判断两个字符串是否相同，不能使用关系运算符==进行比较。只有两个字符串的长度、内容及大小写都相同时，才表示两个字符串相同。

### 5. equalsIgnoreCase()方法

在实际应用中，有时只要两个字符串的长度和内容相同，就认定两个字符串相同。例如，输入登录用户名和密码时不区分大小写。在这种情况下，可以使用 equalsIgnoreCase()方法。该方法忽略大小写，用于判断字符串是否相同。语法格式如下：

```
当前字符串名称.equalsIgnoreCase(指定的字符串);
```

例如，下面的代码用于判断字符串 s1 和 s2 是否相同：

```
String s1 = "hometown";                   //当前字符串
String s2 = "HomeTown";                   //要比较的字符串
boolean issame = s1.equalsIgnoreCase(s2); //true
```

## 案例——按类别统计商品库存

本案例将商品名称和对应的库存量以“名称（库存量）”的形式存储在一个字符串数组中，并通过 String 类的一些方法统计各类商品的库存总量。

（1）新建一个 Java 项目，在项目中添加一个名称为 Inventory 的类。

（2）在类定义中添加 main()方法，编写实现代码。具体代码如下：

```
public class Inventory {
    public static void main(String[] args) {
        //声明 String 类型的数组，用来存储不同类别的商品及库存量
        String[] goods = { "冰箱 A（25）", "冰箱 B（10）", "洗衣机 A（18）",
"热水器 A（8）", "洗衣机 B（11）", "空调 A（4）" ,"空调 B（6）"};
        //使用数组统计各类商品的库存总量
        int[] sum = {0,0,0,0};
        //遍历所有商品
        for (int i = 0; i < goods.length; i++) {
            //计算库存量的索引位置
            int start = goods[i].indexOf('（')+1;
            int end = goods[i].indexOf('）');
            //获取商品的名称
            String name = goods[i];
            //提取库存量，是一个字符串
            String s = goods[i].substring(start,end);
            //将字符串类型转换为 int 类型
            int num = Integer.parseInt(s);
            //判断商品类别
            if (name.startsWith("冰箱")){
                //统计库存
                sum[0]+=num;
            }else if (name.startsWith("洗衣机")){
                sum[1]+=num;
            }else if(name.startsWith("热水器")){
                sum[2]+=num;
            }
                else {
                    sum[3]+=num;
                }
        }
    //输出统计结果
    System.out.println("冰箱：" + sum[0]);
    System.out.println("洗衣机：" + sum[1]);
    System.out.println("热水器：" + sum[2]);
    System.out.println("空调：" + sum[3]);
```

```
    }
}
```

（3）运行程序，即可在 Console 窗格中看到各类商品的库存总量，如图 5-3 所示。

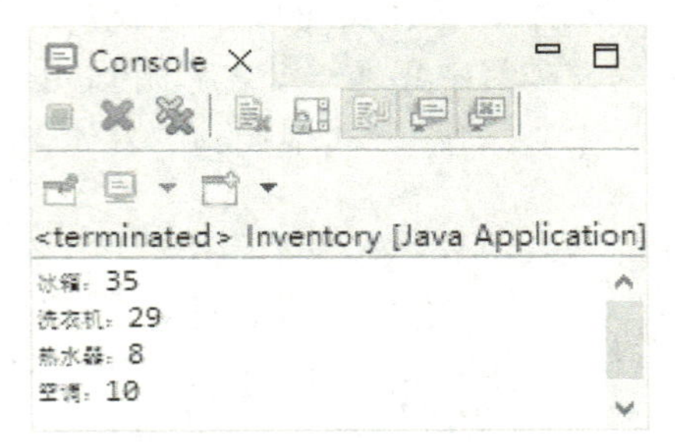


图 5-3　输出结果

## 案例——搜索货架上的商品

本案例使用一个 3×3 的二维数组模拟一个 3 层的货架，且每层分 3 格存放商品。通过在 Console 窗格中输入要搜索的商品名称或关键字，可以输出搜索到的商品名称和所在位置。

（1）新建一个 Java 项目，在项目中添加一个名称为 SearchGoods 的类。

（2）引入 java.util.Scanner 类，并在 SearchGoods 类定义中添加 main()方法，编写实现代码。具体代码如下：

```
import java.util.Scanner;
public class SearchGoods {
    public static void main(String[] args) {
        //利用 String 类型的二维数组存储商品名称
        String goods[][] = {
                {"餐具", "玻璃杯", "保鲜盒"},
                {"面巾纸", "湿纸巾", "厨房用纸"},
                {"保温杯", "童书绘本", "儿童玩具"}
                };
        //输出提示信息
        System.out.println("请输入要搜索的商品名称或关键字:");
        //创建扫描器，用于获取在 Console 窗格中输入的值
        Scanner sc = new Scanner(System.in);
        //获取输入的字符串
        String category = sc.next();
        //在 Console 窗格中输出提示信息
        System.out.println("--------------搜索结果--------------");
        //遍历二维数组
        for (int i = 0; i < goods.length; i++)
        {
            for (int j = 0; j < goods[i].length; j++)
            {
```

```
                //判断商品类别是否包含输入的字符串
                if(goods[i][j].contains(category)){
                    //输出搜索到的商品的名称和所在位置
                    System.out.println(goods[i][j] + ": " +
"第" + (i + 1) + "层的第" + (j + 1) + "格");
                }
            }
            System.out.println();
        }
        //关闭扫描器
        sc.close();
    }
}
```

（3）运行程序，在 Console 窗格中根据提示输入要搜索的商品名称或关键字，按 Enter 键即可输出搜索到的商品信息，如图 5-4 所示。

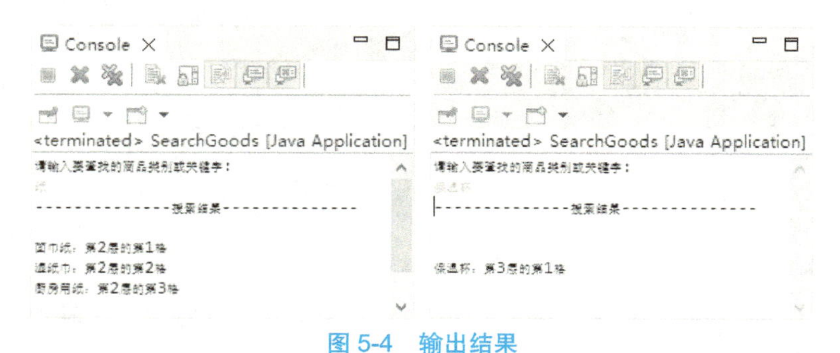


图 5-4　输出结果

## 五、转换字符串

Java 提供了丰富的方法来处理字符串，可以将字符数组或字节数组转换成字符串，也可以将基本数据类型或对象转换成字符串，还可以修改字符串的大小写和内容，以及将字符串转换为数组。下面介绍几个常用的转换字符串的方法。

### 1. 大小写转换

要转换字符串的大小写，可以使用 toUpperCase()和 toLowerCase()方法。这两个方法分别用于将字符串中的所有字符转换为大写和小写形式。如果没有需要转换的字符，则返回原字符，否则返回转换后的新字符。语法格式如下：

```
//全部转换为大写形式
当前字符串名称.toUpperCase();
//全部转换为小写形式
当前字符串名称.toLowerCase();
```

例如：

```
String s = "I Love My Family.";
String s1= s.toUpperCase();          //I LOVE MY FAMILY.
String s2= s.toLowerCase();          //i love my family.
```

### 2. 将其他类型转换为字符串

String 类提供了一个静态方法 valueOf()，用于将基本数据类型、对象或字符数组转换为字符串，语法格式如下：

```
String.valueOf(要转换的变量);
```

其中，要转换的变量可以是 int、long、float、char、double、boolean 等基本数据类型，也可以是对象类型或字符数组。当要转换的变量为字符数组时，可以指定要转换的字符范围，语法格式如下：

```
String.valueOf(char[] 数组名称,int offset,int count);
```

表示将 char 类型的数组中第 offset+1 个元素开始的 count 个元素转换为字符串。

例如：

```
int i = 120;
String str1 = String.valueOf(i);                //"120"
float j = 3.14F;
String str2 = String.valueOf(j);                //"3.14"
char m = 'M';
String str3 = String.valueOf(m);                //"M"
boolean n = true;
String str4 = String.valueOf(n);                //"true"
char[]words = {'P','a','r','t','y'};
String str5 = String.valueOf(words,1,3);        //"art"
```

### 3. 将字符串转换成字符数组或字节数组

上面介绍了将字符数组转换为字符串的操作，Java 还支持将字符串转换为字符数组或字节数组，语法格式如下：

```
//转换为字符数组
字符串名称.toCharArray();
//转换为字节数组
字符串名称.getBytes();
```

例如：

```
String s = "one";
char[] arr_c = s.toCharArray(); //{'o','n','e'}
byte[] arr_b = s.getBytes();   //{1,1,1,1,1,0,1,0,1}
```

### 4. 替换字符串内容

使用 replace()方法可以替换字符串中指定的字符序列，返回一个新的字符串。如果在字符串中没有找到需要替换的字符序列，则返回原字符串。语法格式如下：

```
字符串名称.replace(要被替换的字符序列,替换后的字符序列);
```

例如，下面的代码用于将字符串 oldlist 中的字符序列"How"替换为"Who"：

```
String oldlist = "How are you";
String newlist = oldlist.replace("How","Who"); //"Who are you"
```

### 5. 将字符串转换为字符串数组

这种操作其实就是将字符串根据给定的分隔符进行拆分，返回一个字符串数组。语法格式如下：

```
字符串名称.split(分隔符表达式);
```

例如，下面的代码用于将字符串 s 以逗号为分隔符拆分为一个字符串数组中的两个元素：

```
String s = "Hello,nice to meet you";
String[] newarr= s.split(","); //指定分隔符为逗号
        for (int i=0;i<newarr.length;i++) {
            System.out.println(newarr[i]);
        }
//输出字符串的各个元素
"Hello"
"nice to meet you"
```

### 6. 去除字符串两端的空格

使用 trim()方法可以删除字符串首尾处的空格，语法格式如下：

```
字符串名称.trim();
```

例如，下面的代码将删除字符串 s 开头和结尾处的所有空格。

```
String s = "    为保障权益，请保留小票    ";
String s1= s.trim();    //"为保障权益，请保留小票"
```

# 任务二　StringBuffer 类字符串

## 任务引入

通过上一个任务的学习，小白掌握了使用 String 类创建字符串的方法，并编写了一个程序用于管理其兼职公司的员工名册。使用 String 类创建的字符串在创建后就不可以被修改，而员工则有进有出，且员工的名字长度也不相同。这样一来，由于字符串的长度发生了变化，运行时总是出错。Java 中有没有长度可变，并且可以修改字符串序列的字符串类型呢？

## 知识准备

本任务介绍一种可以被修改的字符串——使用 StringBuffer 类创建的字符串，而且这种字符串的长度会随着存放的字符串多少而增大或减小。

### 一、创建 StringBuffer 对象

StringBuffer 类是一个类似于 String 类的字符串缓冲区，可以存储任意类型的数据，且支持对字符串内容进行修改，长度可变。

要使用缓冲区，需要先创建 StringBuffer 对象。在创建 StringBuffer 对象时，不能通过直接赋值为字符串常量的方式来创建，而应该使用关键字 new 来创建，语法格式如下：

```
//创建一个不包含字符的字符串缓冲区，初始容量为 16 个字符
StringBuffer sbf = new StringBuffer();
//创建一个初始容量为 32 个字符的字符串缓冲区
StringBuffer sbf = new StringBuffer(32);
//创建一个初始值为"smile"的字符串缓冲区
StringBuffer sbf = new StringBuffer("smile");
```

字符串缓冲区具备一些固定的方法，例如，添加、删除、修改数据的方法，以及反转字符串、提取子串、查找字符串的方法等。

## 二、添加数据

在字符串缓冲区中添加数据有两个方法——append()和 insert()，语法格式如下：

```
StringBuffer 对象名称.append(任意数据类型的对象);
StringBuffer 对象名称.insert(插入位置的索引,要插入的字符串);
```

使用 append()方法可以将任意数据类型的参数转换为字符串，并追加到字符序列末尾。例如：

```
//创建一个初始值为"Here!"的字符串缓冲区
StringBuffer sbf = new StringBuffer("Here!");
//创建整数类型的变量
int i = 123;
//追加整数类型的变量
sbf.append(i);                  //Here!123
//追加字符串" Cheers!"
sbf.append(" Cheers!");         //Here!123 Cheers!
```

使用 insert()方法可以将字符串插入指定的索引位置。例如：

```
//创建一个指定初始值的字符串缓冲区
StringBuffer sbf = new StringBuffer("on the deck.");
//创建字符串
String s = "\0top";
//在第 7 个字符处插入字符串 s
sbf.insert(6,s);                //on the top deck.
```

## 三、删除数据

在字符串缓冲区中删除数据也有两个方法——delete()和 deleteCharAt()，语法格式如下：

```
StringBuffer 对象名称.delete(起始索引,结束索引);
StringBuffer 对象名称.deleteCharAt(位置索引);
```

使用 delete()方法可以删除起始索引到结束索引范围内的字符。

提示：在使用 delete()方法删除字符时，包含起始索引位置的字符，但不包含结束索引位置的字符。因此，如果要清空缓冲区，则可以将起始索引位置设置为 0，结束索引位置设置为缓冲区的长度，如 sbf.delete(0,sbf.length())。

例如：

```
//创建一个指定初始值的字符串缓冲区
StringBuffer sbf = new StringBuffer("You're so nice.");
//删除第 9 个到第 11 个字符
sbf.delete(8,11);              //"You're nice."
```

使用 deleteCharAt()方法可以删除指定位置的字符。例如：

```
//创建一个指定初始值的字符串缓冲区
StringBuffer sbf = new StringBuffer("SMILLE");
//删除第 4 个字符
sbf.deleteCharAt(3);           //"SMILE"
```

## 案例——调整员工花名册

某公司按照员工编号编排花名册，最近有员工离职，也有新员工入职。为了保持其他员工的编号不变，可以将新进员工的名单添加到离职员工的位置。本案例使用 StringBuffer 类的相关方法调整员工花名册。

（1）新建一个 Java 项目，在项目中添加一个名称为 EmployeeList 的类。

（2）在类定义中添加 main()方法，编写实现代码。具体代码如下：

```
import java.util.Scanner;
public class EmployeeList {
    public static void main(String[] args) {
        //利用 String 类型的变量 names 存储原始花名册
        String names = "Tom、John、Alice、Martin、Lotus";
        //输出员工花名册
        System.out.println("员工花名册：\n"+names);
        //创建一个可变的字符序列
        StringBuffer sbf = new StringBuffer(names);
        //创建扫描器
        Scanner sc = new Scanner(System.in);
        System.out.println("请输入离职员工姓名：");
        //接收 Console 窗格中的输入
        String name = sc.next();
        //返回该名称在可变字符序列中的索引位置
        int start = sbf.indexOf(name);
        //判断输入的员工姓名是否在花名册中
        if (names.contains(name)) {
            //如果在花名册中，则先判断是否为最后一个名字，再删除指定的名字和内容
            if (sbf.length() < start + name.length() + 1) {
                //如果是最后一个名字，则删除名字和之前的顿号“、”
```

```
                sbf.delete(start - 1, start + name.length());
            } else {
                //如果不是最后一个名字，则删除名字和之后的顿号“、”
                sbf.delete(start, start + name.length() + 1);
            }
            System.out.println("公司目前在职员工花名册：\n" + sbf + "\n");
        } else {
            //如果不在花名册中，则输出错误信息
            System.out.println("输入的员工姓名有误！");
        }
        //获取新进员工姓名
        System.out.println("请输入新进员工姓名：");
        String newName = sc.next();
        //判断离职员工是否为原始花名册中的最后一个
        if ((start+name.length()-1)<names.length()-1) {
        //如果不是最后一个，则在删除的位置插入名字和顿号“、”
        sbf.insert(start, newName+"、");
        }else {
            //如果是最后一个，则在删除的位置添加顿号“、”和名字
            sbf.insert(start-1,"、"+newName);
        }
            //输出员工花名册
            System.out.println("公司目前在职员工花名册：\n" + sbf + "\n");
        //关闭扫描器
        sc.close();
    }
}
```

（3）运行程序，根据提示在 Console 窗格中分别输入离职员工姓名和新进员工姓名，即可输出调整后的员工花名册，如图 5-5 和图 5-6 所示。

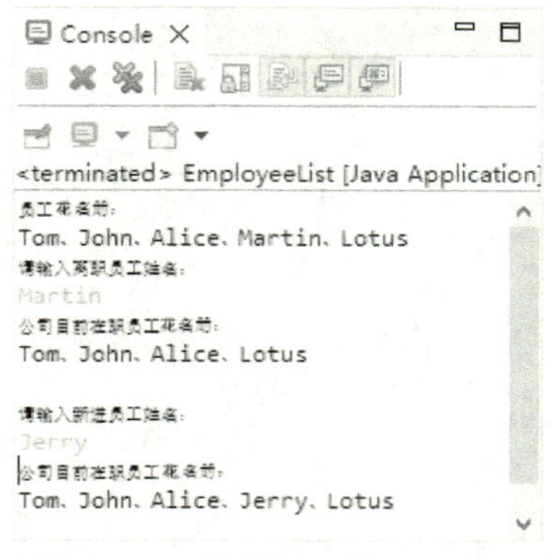


图 5-5　不是最后一个员工离职

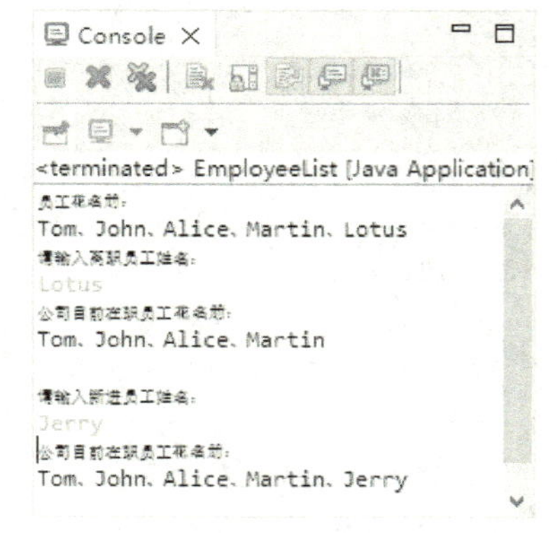


图 5-6　最后一个员工离职

## 四、修改数据

创建字符串缓冲区后，还可以对其进行修改，常用的操作包括替换指定范围内的字符、将原字符串设置为指定长度，相应的语法格式如下：

```
//将索引为 start 至 end-1 的字符替换成 string
StringBuffer 对象名称.replace(start,end,string);
//将索引 index 指定位置的字符替换为 ch
StringBuffer 对象名称.setCharAt(index,ch);
//将字符串长度修改为 len
StringBuffer 对象名称.setLength(len);
```

提示：在修改字符串长度时，如果指定的新长度小于当前字符串的长度，则截断字符串；如果指定的新长度大于当前字符串的长度，则使用空字符（\u0000）进行填充；如果指定的新长度为负数，则抛出异常。

例如：

```
//构造一个指定初始值的字符串缓冲区
StringBuffer sbf = new StringBuffer("123456789");
//替换第 4 个到第 7 个字符
sbf.replace(3,7,'*');          //"123****89"
//将第 2 个字符替换为*
sbf.setCharAt(1,'*');          //"1*3456789"
//将字符串长度修改为 5
sbf.setLength(5);              //"12345"
```

### 案例——比较 String 和 StringBuffer 对象的区别

本案例分别对 String 类和 StringBuffer 类创建的字符串进行修改，并比较两者的区别。

（1）新建一个 Java 项目，在项目中添加一个名称为 SBFDemo 的类。

（2）在类定义中添加 main()方法，编写实现代码。具体代码如下：

```
public class SBFDemo {
    public static void main(String[] args) {
        System.out.println("----String----");
        //定义两个 String 对象
        String s1 = "Java";
        String s2 = "Welcome";
        System.out.println("原字符串："+s1+"\t"+s2);
        //将 s1 中的所有'a'替换为'k'
        s1.replace('a','k');
        //替换 s2 中的指定子串
        s2.replace("Wel", "");
        System.out.println("修改后的字符串："+s1+"\t"+s2+"\n");
        System.out.println("----StringBuffer----");
        //定义两个 StringBuffer 对象
```

```
        StringBuilder s11 = new StringBuilder("Java");
        StringBuilder s22 = new StringBuilder("Welcome");
        System.out.println("原字符串："+s11+"\t"+s22);
        //将 s11 中的所有'a'替换为'k'
        s11.setCharAt(1,'k');
        s11.setCharAt(3,'k');
        //替换 s22 中的第 1 个到第 3 个字符
        s22.replace(0,3,"");
        System.out.println("修改后的字符串："+s11+"\t"+s22);
        System.out.println("修改后 s22 的长度为："+s22.length());
    }
}
```

（3）运行程序，即可在 Console 窗格中看到输出结果，如图 5-7 所示。

图 5-7　输出结果

从输出结果可以看出，对 String 对象执行修改操作后，原字符串内容保持不变；对 StringBuffer 对象执行修改操作后，字符串的内容和长度发生了变化。

## 五、反转字符串

使用 reverse()方法可以反转字符串，语法格式如下：

```
StringBuffer 对象名称.reverse();
```

例如：

```
//构造一个指定初始值的字符串缓冲区
StringBuffer sbf = new StringBuffer("春和景明");
//反转字符串
sbf.reverse();        //"明景和春"
```

## 六、其他方法

StringBuffer 类还提供了一些与 String 类中相同的方法。

例如，使用 substring()方法可以提取子串；使用 indexOf()方法可以获取指定字符串首次出现的位置；使用 lastIndexOf()方法可以反向搜索，返回指定子串在当前字符串中最后出现的位置。

由于篇幅有限，此处不再赘述，读者可参考上一个任务中对应的语法格式。

## 案例——输出网络号码

本案例要求在 Console 窗格中输入 IP 地址，使用 lastIndexOf()方法和 substring()方法从 IP 地址中提取网络号码和本地计算机号码。

（1）新建一个 Java 项目，在项目中添加一个名称为 IPCode 的类。

（2）在类定义中添加 main()方法，编写实现代码。具体代码如下：

```
import java.util.Scanner;
public class IPCode {
    public static void main(String[] args) {
        //创建扫描器
        Scanner sc = new Scanner(System.in);
        System.out.println("请输入 IP 地址：");
        //接收 Console 窗格中的输入
        String ip = sc.next();
        //创建一个可变的字符序列，初始值为 ip
        StringBuffer sbf = new StringBuffer(ip);
        //返回 IP 地址中最后一个分隔点的索引
        int position = sbf.lastIndexOf(".");
        //截取该 IP 地址的前三段，即网络号码
        String netNum = sbf.substring(0, position);
        //输出该 IP 地址的网络号码
        System.out.println("网络号码：" + netNum);
        //截取该 IP 地址的最后一段，即本地计算机号码
        String pcNum = sbf.substring(position + 1, sbf.length());
        //输出该 IP 地址的本地计算机号码
        System.out.println("本地计算机号码：" + pcNum);
        //关闭扫描器
        sc.close();
    }
}
```

（3）运行程序，在 Console 窗格中根据提示输入 IP 地址，按 Enter 键，即可返回该 IP 地址的网络号码和本地计算机号码，如图 5-8 所示。

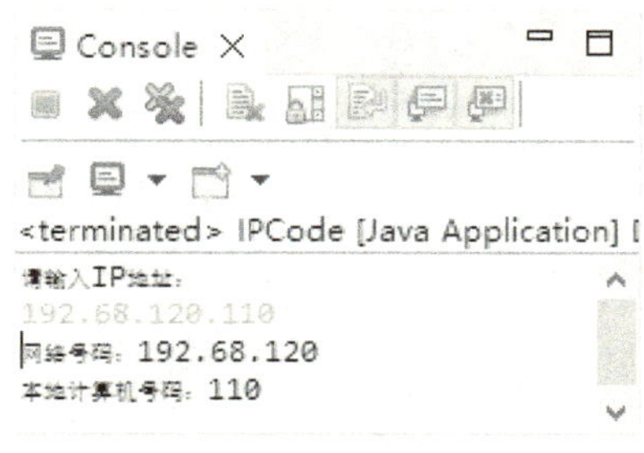


图 5-8 输出结果

## 项目总结

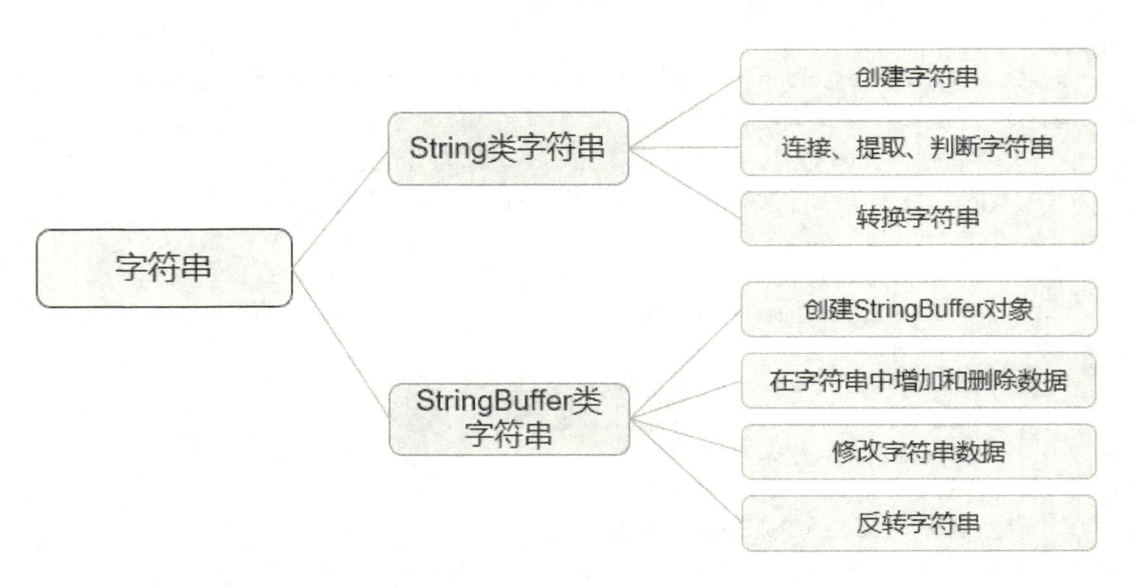


本项目介绍了 Java 项目开发过程中经常要处理的一种数据类型——字符串，着重讲解了 String 类字符串和 StringBuffer 类字符串的创建及常用操作方法。通过本项目的学习，读者可以学会字符串的常用操作，编写简单的字符串处理代码。同时，理解这两种字符串的区别和使用方法也是本项目的重点和难点。

## 项目实战

### 实战一：姓名排序

本实战从 Console 窗格中接收输入的姓名列表，且姓名之间使用逗号分隔。使用字符串转换方法和数组排序方法将姓名字符串转换为字符串数组并排序，输出排序后的姓名列表，并使用空格分隔。

（1）新建一个 Java 项目，在项目中添加一个名称为 NameSort 的类。

（2）引入 Arrays 类和 Scanner 类，在 NameSort 类定义中添加 main()方法，编写实现代码。具体代码如下：

```
import java.util.Arrays;
import java.util.Scanner;
public class NameSort {
    public static void main(String[] args) {
        //创建扫描器
        Scanner sc = new Scanner(System.in);
        System.out.println("请输入姓名，使用逗号分隔：");
        //接收 Console 窗格中的输入
        String names = sc.next();
```

```
        //以逗号为分隔符，将字符串转换为字符串数组
        String[] namearr= names.split(",");
        //调用 Arrays 类的 sort()方法，对 String 类型的数组中的元素按升序排列
        Arrays.sort(namearr);
        //遍历数组，输出排序后的姓名列表，使用空格分隔
        System.out.println("升序排序后：");
        for (int i = 0; i < namearr.length; i++) {
            //在 Console 窗格中输出 char 类型的数组中的元素
            System.out.print(namearr[i]+"\0");
        }
        //关闭扫描器
        sc.close();
    }
}
```

（3）运行程序，输入要排序的姓名列表，按 Enter 键，即可将姓名按升序排列，输出结果如图 5-9 所示。

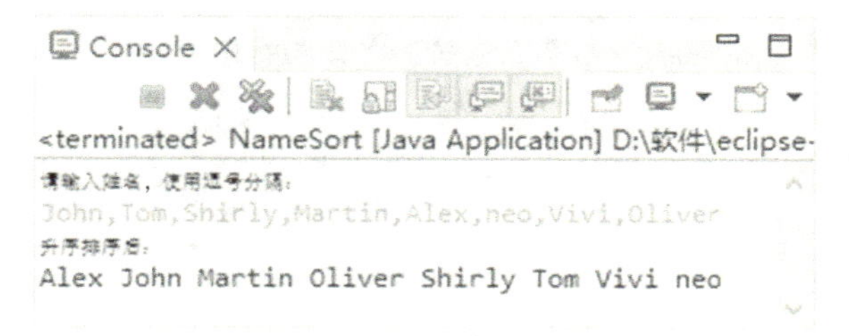


图 5-9 输出结果

## 实战二：手机号加密

本实战从 Console 窗格中接收输入的手机号，如果输入的手机号长度不为 11 位，则输出错误提示并要求重新输入，否则使用*符号替换手机号中的第 4 位到第 7 位以进行加密输出。

（1）新建一个 Java 项目，在项目中添加一个名称为 PhoneNum 的类。

（2）引入 Scanner 类，在 PhoneNum 类定义中添加 main()方法，编写实现代码。具体代码如下：

```
import java.util.Scanner;
public class PhoneNum {
    public static void main(String[] args) {
        //创建扫描器
        Scanner sc = new Scanner(System.in);
        System.out.println("请输入手机号：");
        //接收 Console 窗格中的输入
        String num = sc.next();
        //创建一个可变字符序列，使用输入的字符串初始化
```

```
        StringBuffer sbf = new StringBuffer(num);
        //判断输入的手机号是否为 11 位
        while (sbf.length() != 11) {
            //如果不是 11 位，则输出错误提示，要求重新输入
            System.out.println("输入的手机号有误！");
            System.out.println("请输入手机号：");
            //接收 Console 窗格中的输入
            String newnum = sc.next();
            //使用新输入的字符串从头开始替换与 sbf 相同长度的字符序列
            sbf.replace(0,newnum.length()-1,newnum);
            //如果新输入的字符串长度小于之前输入的长度
            if (newnum.length()<sbf.length()) {
                //则删除多余的字符序列
                sbf.delete(newnum.length(),sbf.length());
            }
        }
        //如果为 11 位，则替换第 4 位到第 7 位的字符，并输出
            sbf.replace(3, 7, "****");
            System.out.println("加密后的手机号：" + sbf.toString());

        //关闭扫描器
        sc.close();
    }
}
```

（3）运行程序，在 Console 窗格中根据提示输入手机号，按 Enter 键，即可返回加密后的号码，输出结果如图 5-10 所示。

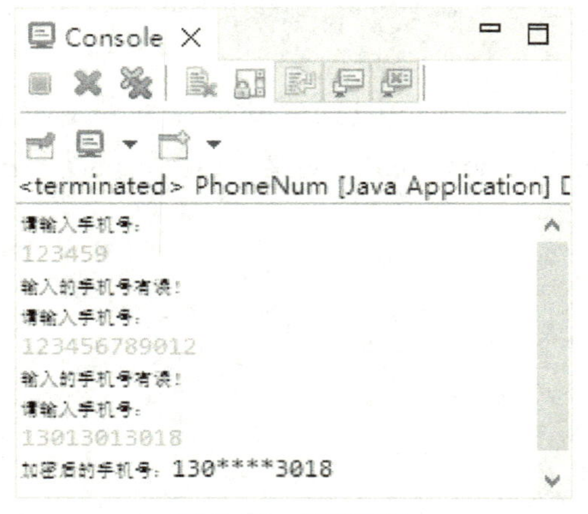


图 5-10　输出结果

# 习　　题

1．某应用程序要求用户的登录账号以 TP 开头，且包含特殊字符@。编写一个程序，判断在 Console 窗格中输入的账号是否正确，如果不正确，则要求重新输入；如果正确，则输出一条提示信息。

2．某公司在录入固定资产中的 6 辆车的车牌号时，误将车牌号中的 E5 写为了 8E。编写一个程序，找到录入错误的车牌号，并修改输出。

3．编写一个程序，模拟银行 VIP 客户在柜台办理业务时的插队排号操作。在排号为 32、33 的客户办理业务后，05 号 VIP 客户插入办理。

# 项目六　类与对象

## 思政目标

- 尊重事物的发展规律，学会由浅入深、循序渐进的学习方法。
- 把握全局，从基础着手，培养科学、严谨的思维方式。

## 技能目标

- 能够定义类及类的成员。
- 能够使用对象访问类的成员。
- 能够使用静态成员。

## 项目导读

Java是面向对象的编程语言。面向对象的软件开发方法的主要特点之一，就是采用数据抽象的方法构建了一种数据类型（类），用于封装数据和相关的操作。每个类既包含数据，也包含针对这些数据的授权操作，也就是方法。本项目介绍类和类的各种成员，以及对象的创建和使用方法。

## 任务一　创建类

### 任务引入

在学习Java之初，小白就知道Java是一种完全面向对象的编程语言，在学习过程中，也总能听到或看到“面向对象”“类”“对象”这样的字眼，但不知道面向对象是如何在程序中体现的。那么什么是类，如何定义类呢？类包含哪些成员，这些成员又该如何定义呢？

### 知识准备

类是一个抽象的概念，表示对现实生活中一类具有共同特征的对象的抽象化，用于定义一类对象所具备的属性和行为。世界万物是分门别类的，例如，“鸟类”这一概念就是从鸟个体的共同属性（有角质喙、羽翼、爪子等）和共同行为（卵生、会飞翔等）中抽象出来的，可以区别于其他类型的动物。“鸟类”并不是存在的实体，只有具备“鸟类”这个群体的属性与行为的个体才是实际存在的。

## 一、定义类

面向对象编程的一个核心思想是封装，封装的载体是类，对象的属性和行为通过类被封装起来。类隐藏了其实现细节。使用该类的用户只能操作类允许公开的数据，不能直接操作其中的数据结构，从而保证类中数据结构的完整性。

类使用关键字 class 定义，具体语法格式如下（方括号[]中的内容为可选内容）：

```
[类的修饰符]  class  类名
{
  //类体
}
```

### 1. 类的修饰符

类的修饰符包括访问权限修饰符、最终类修饰符 final 和抽象类修饰符 abstract 三种。

访问权限修饰符用于指定对类的访问限制，包括 public、protected 和 private。public 表示类中的成员可以被任何代码访问；protected 表示类中的成员只能由类或派生类中的代码访问；private 表示类中的成员仅能被同一个类中的代码访问。在省略访问修饰符时，表示可访问范围为同一个包中的类。

使用 abstract 修饰的类为抽象类，在类的继承体系中位于顶层，不能被实例化，也就是说，不能创建抽象类的对象。

在定义类时，可以使用任意一个或组合使用多个修饰符，也可以省略。

### 2. 类名

用于描述类的功能的标识符最好具有实际意义，能“见名知意”，以便读者理解类中描述的内容。类的命名建议遵循 Pascal 命名法（帕斯卡命名法），即每个单词的首字母大写。

例如，下面的代码定义了一个访问权限为 public 的 Cups 类，其类体为空，表示还没有定义对应的属性和方法：

```
public class Cups {
}
```

### 3. 类体

类体是对一类具有共同特征的对象所具有的属性和方法的定义。属性用于描述类对象的属性，称为成员变量；方法用于描述类对象的行为，称为成员方法。在一个类文件中，允许定义多个属性，编写多个方法。

## 二、定义成员变量

成员变量的定义方法与变量的定义方法类似，只是可以在变量前面加上修饰符。语法格式如下：

```
[修饰符]  数据类型  变量名 [=值];
```

类成员（包括成员变量和成员方法）的修饰符包括访问权限修饰符 public、protected 和 private，静态变量修饰符 static，常量说明符 final。

static 用于表明变量为类变量，可以直接通过类名访问该变量。如果不使用该修饰符，则表示变量为实例变量，只能通过实例化的对象名访问。

final 用于将成员变量声明为常量。

在定义成员变量时，可以使用一个或组合使用多个修饰符，也可以省略。

在定义成员变量时，可以为变量指定初始值，也可以不赋值。

例如，下面的代码在 Cups 类中定义了 4 个成员变量，用来描述水杯类的材质、颜色、价格和商标：

```
public class Cups{
    private string material;              //私有的字符串类型变量
    public string color;                      //公有的字符串类型变量
    static int price;                     //静态的整数类型变量
    final string trademark = "AAA";       //字符串类型常量
}
```

在类中定义成员变量后，加载类时会自动将其中的变量赋值为相应数据类型的默认值，如表 6-1 所示。

表 6-1　Java 变量的默认值

| 数据类型 | 默认值 | 说明 |
| --- | --- | --- |
| byte、short、int、long | 0 | 整数类型的零 |
| float、double | 0.0 | 浮点类型的零 |
| char | ' ' | 空格字符 |
| boolean | false | 逻辑假 |
| 引用类型，如 String | null | 空值 |

## 案例——定义 Table 类

本案例定义了一个圆桌类 Table，包含直径大小、颜色和价格属性。

（1）新建一个 Java 项目 ClassDemo，在项目中添加一个 Table 类。

（2）在类中定义成员变量。具体代码如下：

```
public class Table {
    //直径大小
    float d;
    //颜色
    String color;
    //价格
    int Price;

}
```

## 三、定义成员方法

方法是指将完成同一功能的代码按照逻辑组织在一起，以便调用的代码块。

定义成员方法的语法格式如下：

```
[访问修饰符]  返回值类型  方法名([形参列表]){
  //方法体;
}
```

其中，“[访问修饰符]　返回值类型　方法名([形参列表])”是方法头，也可称为方法的签名。

访问修饰符可以是类成员访问修饰符中的任意一种。如果省略访问修饰符，则只能在当前类及同一个包的类中进行访问。

方法的返回值类型可以是任意的数据类型。如果指定了返回值类型，则必须在方法体中使用 return 关键字返回一个与该类型匹配的值，格式如下：

```
return 表达式;
```

如果没有指定返回值类型，则必须在方法体中使用 void 关键字表示没有返回值。在方法体中可以省略 return 语句，也可以使用不带表达式的 return 语句结束方法，返回主调方法，格式如下：

```
return;
```

方法的命名通常遵循 Pascal 命名法，第一个单词全部小写，之后的每个单词的首字母大写，以描述方法所实现的功能。

形参列表用于指定方法使用的参数，通常使用“数据类型　参数名”的形式定义。一个方法中可以有 0 到多个参数。即使没有指定参数，也需要保留形参列表的圆括号。如果使用多个参数，则多个参数之间应当使用逗号隔开。

定义方法后，还需要调用方法才能使用方法的功能。在面向对象的程序中，方法的调用格式主要有以下两种：

- 对象名.方法名（实际参数列表）。
- 类名.方法名（实际参数列表）。

其中，第一种格式主要适用于动态方法（方法头中没有 static 关键字）；第二种格式主要适用于静态方式（方法头中有 static 关键字）。

在调用方法时，实际参数应与形式参数的个数、类型、顺序一致。在调用方法时，程序会转而执行被调用的方法的方法体，待方法体执行完毕，返回被调用处继续执行。

提示：一旦方法体中的 return 语句被执行，则无论该语句位于方法体的什么位置，都将终止方法的执行，返回被调用处。

## 案例——计算阶乘

本案例编写了一个方法，用于计算给定整数的阶乘。具体操作如下。

（1）新建一个 Java 项目 FactorialDemo，在项目中添加一个 FactorialDemo 类。

（2）在类中添加 main()方法和自定义的成员方法 factorialX()。具体代码如下：

```
import java.util.Scanner;
```

```
public class FactorialDemo {
    public static void main(String[] args) {
        //创建 FactorialDemo 类的一个对象 factorial
        FactorialDemo factorial = new FactorialDemo();
        //创建扫描器
        Scanner sc = new Scanner(System.in);
        System.out.println("请输入一个整数：");
        //接收 Console 窗格中的输入
        int num = sc.nextInt();
        //判断输入的参数是否小于 0
        if (num<0){
            //如果小于 0，则输出错误提示
            System.out.println("输入的参数不能为负数！");
        }else {
         //如果不小于 0，则调用成员方法计算阶乘
        System.out.println("该数的阶乘为："+factorial.factorialX(num));
        }
        //关闭扫描器
        sc.close();
    }
        //定义成员方法
        public int factorialX(int n) {
            //对计算结果赋予初始值
            int s = 1;
            //如果输入参数为 0，则计算结果为 1
            if (n==0) {
                s =1;
            }
            //如果输入参数为正整数，则计算阶乘
            for (int i=1;i<=n;i++) {
                s = s*i;
            }
            //返回计算结果
            return s;
        }
}
```

上述代码定义了一个计算非负整数 n 的阶乘的成员方法 factorialX()，输入参数为整数类型的 n，返回值为整数类型。如果输入参数为 0，则计算结果为 1，否则利用 for 循环计算 n!。在主方法 main()中调用成员方法，输出计算结果。

（3）运行程序，在 Console 窗格中根据提示输入一个整数，按 Enter 键返回计算结果。当输入参数为负数、0 和正整数时，输出结果分别如图 6-1（a）、图 6-1（b）和图 6-1（c）所示。

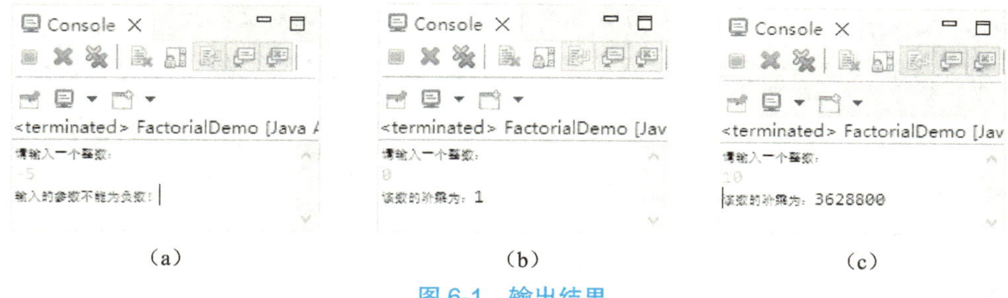


（a）　　　　（b）　　　　（c）

图 6-1　输出结果

## 四、定义构造方法

在一个类中，除了定义成员方法，还可以定义一种特殊的方法——构造方法。构造方法是一个与类同名的方法，用于根据类的定义创建一个对象。

定义构造方法的语法格式如下：

```
[修饰符] class 类名{
    public 构造方法名([参数列表]){
    //语句块
    }
}
```

构造方法具有以下特点：

- 构造方法名与所在类的类名相同。
- 构造方法没有返回值，不能指定返回类型，也不能被定义为 void。
- 构造方法用于初始化无 static 修饰的成员变量。

如果在定义构造方法时指定了参数，也就是定义了有参构造方法，则可以为成员变量赋值。在实例化该类的对象时，相应的成员变量可以被初始化。例如，下面的代码定义了 Table 类的一个有参构造方法：

```
public class Table {
    float d;                //直径大小
    String color;           //颜色
    int Price;              //价格
    public Table(float zj, String ys, int jg){
        d = zj;
        color =ys;
        Price = jg;
    }
}
```

在 Java 中，如果一个类没有显式地定义构造方法，则会自动提供一个默认的无参构造方法。在默认情况下，构造方法会自动将所有的实例成员变量初始化为默认值。例如，在上一个案例中，main()方法中的第 1 行代码，实质就是调用默认的构造方法创建一个对象：

```
//创建 FactorialDemo 类的一个对象 factorial
FactorialDemo factorial = new FactorialDemo();
```

注意：如果在类中定义的构造方法都是有参构造方法，则编译器不会为类自动创建一个默认的无参构造方法。在这种情况下，如果调用无参构造方法实例化对象，则编译器会报错。

# 任务二　使用对象

## 任务引入

通过上一个任务的学习，小白掌握了创建类及类成员的方法。但是如何将定义的类实例化为一个个属性和行为各不相同的具体对象呢？在程序中如何访问、设置、获取对象的属性呢？如果要在不同的类之间共享同一个变量或方法，又该如何实现呢？

## 知识准备

所谓面向对象，是指在编程时将任何事物都看作一个对象来描述。对象是面向对象程序的核心，对应概念世界中的实体。一个对象是一个程序单元，将一组数据和对这些数据的各种操作组合在一起。对象包括属性和方法：对象中的数据称为属性；对象中的各种操作称为方法，用于描述对象的功能。

### 一、实例化对象

在定义类及其中的类成员之后，就可以在程序中创建类对象，访问类成员了。创建类对象，可以被理解为基于一个模板定制一个对象。例如，定义一个圆桌类 Table，其中包含半径、颜色、价格等属性，就可以基于该类创建尺寸、颜色、价格各不相同的圆桌对象。创建类对象就是构造类的实例，也称实例化对象。

在 Java 中，实例化对象的语法格式如下：

```
类名 对象名 = new 构造方法([参数列表]);
```

例如，下面的代码创建了两个名称分别为 redTable 和 greenTable 的对象：

```
Table redTable = new Table();
Table greenTable = new Table(13.5f, "green",2580);
```

其中，Table 为类名。第 1 条语句使用默认的构造方法实例化一个名称为 redTable 的对象，该对象具有默认的属性值。第 2 条语句使用有参构造方法实例化一个名称为 greenTable 的对象，并设置该对象的直径为 13.5，颜色为"green"，价格为 2580。

### 二、访问类成员

创建对象后，就可以通过对象名调用类成员了，语法格式如下：

```
对象名.成员变量名
对象名.成员方法名([参数列表])
```

由此可以得知，为属性赋值的语法格式如下：

```
对象名.类成员 = 值;
```

使用类对象调用方法的语法格式如下：

```
对象名.方法名(参数);
```

**提示：** 如果将类成员使用修饰符 static 声明，则在访问类成员时可以直接使用“类名.类成员”的方式，不用创建类对象。如果将一个方法声明为静态的，则在该方法中只能直接访问静态成员，且只有通过类对象调用才能访问非静态成员。在实际应用中，通常将类中经常被调用的方法声明为静态的。

在 Java 中，使用关键字 this 代表本类对象的引用，用于引用对象的成员变量和成员方法。如果类中的成员变量与成员方法中的参数重名，则这种引用方法尤为有用。

## 案例——访问 Table 类成员

本案例首先定义一个类，然后创建类对象，通过调用类的方法输出类中定义的属性值。

（1）打开 Java 项目 ClassDemo。

（2）在 Table 类中添加一个无参构造方法、一个有参构造方法及 main()方法。具体代码如下：

```
public class Table {
    //直径
    float D;
    //颜色
    String Color;
    //价格
    int Price;
    //无参构造方法
    public Table() {
    }
    //有参构造方法
    public Table(float d,String color,int price) {
        //初始化成员变量
        this.D=d;
        this.Color=color;
        this.Price=price;
    }
    public static void main(String[] args) {
        //使用默认值实例化对象
        Table redTable = new Table();
        //访问类对象的成员变量
        System.out.println("----redTable----");
        System.out.println("直径（米）: "+redTable.D);
        System.out.println("颜色: "+redTable.Color);
        System.out.println("价格（元）: "+redTable.Price);

        //使用参数实例化对象
```

```
        Table greenTable = new Table(13.5f,"Green",2580);
        //访问类对象的成员变量
        System.out.println("----greenTable----");
        System.out.println("直径（米）："+greenTable.D);
        System.out.println("颜色："+greenTable.Color);
        System.out.println("价格（元）："+greenTable.Price);
    }
}
```

在上述代码的 main()方法中，首先使用 Table redTable = new Table();语句创建了一个 Table 类的对象 redTable，并利用对象名访问成员变量，输出对象 redTable 的成员变量的默认值；然后使用 Table greenTable = new Table(13.5f,"Green",2580);语句创建了一个 Table 类的对象 greenTable，并利用对象名访问成员变量，输出对象 greenTable 的成员变量对应的变量值。

创建两个 Table 对象的实质是重载构造方法，从而调用不同版本的构造方法初始化对象的属性。

提示：也可以先在 Table 类中编写一个方法，使用参数为成员变量赋值，然后在 main()方法中调用该方法输出成员变量对应的变量值。

（3）运行程序，即可在 Console 窗格中看到输出结果，如图 6-2 所示。

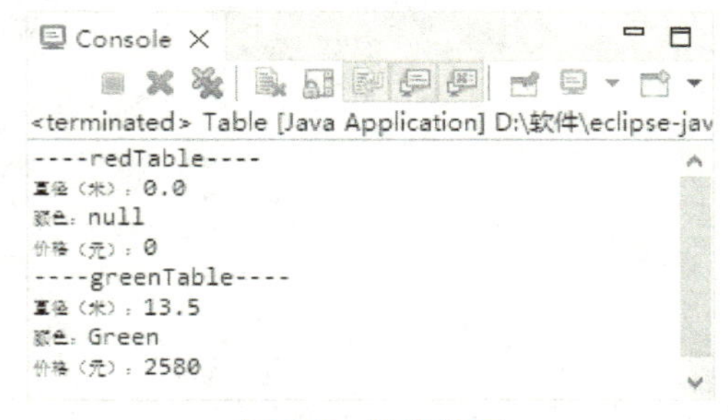


图 6-2　输出结果

使用无参构造方法创建的对象 redTable 没有为成员变量赋值，因此输出各个成员变量的默认值。使用有参构造方法创建的对象 greenTable 通过参数为成员变量赋值了，因此输出各个成员变量对应的变量值。

## 三、this 关键字

变量都有作用域，只能在其作用范围内使用。在类体中的成员方法外声明的变量被称为类的成员变量，其作用域为整个类体。成员方法的形式参数和在方法体内声明的变量被称为局部变量，其作用域为方法体。

在 Java 中，如果类的成员变量与成员方法中的局部变量重名，则可以使用关键字 this 代表当前类对象的引用来区分。在变量名称前使用 this 关键字作为前缀引用的变量是成员变量，否则是局部变量。

例如，下面的程序，将输出局部变量 age 的值 25：

```
public class Person {
    //成员变量 age
    int age = 36;
    //方法中的形参 age 为局部变量
    public void showAge(int age) {
        System.out.println(age);
    }
    public static void main(String[] args) {
        Person someone = new Person();
        someone.showAge(25);
    }
}
```

如果将成员方法 showAge()的方法体修改为 System.out.println(this.age);，则输出成员变量 age 的值 36。

除了表示本类对象的引用，this 关键字还可以用于重载构造方法，表示调用本类其他构造方法。有关重载的相关知识，将在下一个项目中进行介绍。

## 四、访问成员变量

在前文中，使用“对象名.成员变量名”的方式访问成员变量，可以获取和设置成员变量的值。但是在实际应用中，为了保证数据安全，通常不可以采用上述方式直接获取或设置成员变量的值。Java 提供了专门的成员方法来访问成员变量——获取成员变量的值的方法称为 getter 方法，设置成员变量的值的方法称为 setter 方法。

如果成员方法名是要访问的成员变量名加上 get 前缀，则表示获取成员变量的值的方法，例如，getName()方法表示访问成员变量 name 的值的方法。

如果成员方法名是要访问的成员变量名加上 set 前缀，则表示设置成员变量的值的方法，例如，setName()方法表示设置成员变量 name 的值的方法。

### 案例——计算圆柱体的体积

本案例定义了一个圆柱体的类，并使用无参构造方法创建一个圆柱体对象，通过 getter 方法和 setter 方法访问圆柱体的底面半径和高度，计算圆柱体的体积。

（1）新建一个 Java 项目 VolumeCompute，在项目中添加一个 Cylinder 类。

（2）在类中定义成员常量和变量，以及 setter 方法和 getter 方法，并添加 main()方法。具体代码如下：

```
public class Cylinder {
    //定义常量圆周率
    final double PI = 3.14;
    //定义底面半径和高度
    private double Radius;
    private double Height;
```

```
//定义无参构造方法，将底面半径和高度均初始化为1
public Cylinder() {
    this.Radius = 1;
    this.Height = 1;
}
//设置底面半径的方法
public void setRadius(double radius) {
    Radius = radius;
}
//获取底面半径的方法
public double getRadius() {
    return Radius;
}
//设置高度的方法
public void setHeight(double height) {
    Height = height;
}
//获取高度的方法
public double getHeight() {
    return Height;
}
//计算体积的方法
double volume() {
    return PI*Radius*Radius*Height;
}
//主方法
public static void main(String[] args) {
    //构造圆柱体
    Cylinder cylider_1 = new Cylinder();
    //访问成员方法，返回圆柱体的体积
    double vol_1 = cylider_1.volume();
    //访问并输出圆柱体的参数
    System.out.println("---the first cylinder---");
    System.out.println("radius:"+cylider_1.Radius);
    System.out.println("height:"+cylider_1.Height);
    System.out.println("volume:"+vol_1);
    //使用相应的setter方法设置圆柱体的底面半径和高度
    cylider_1.setRadius(3);
    cylider_1.setHeight(5);
    //计算体积
    double vol_2 = cylider_1.volume();
    //访问并输出圆柱体的参数
    System.out.println("---the second cylinder---");
    System.out.println("radius:"+cylider_1.Radius);
```

```
        System.out.println("height:"+cylider_1.Height);
        System.out.println("volume:"+vol_2);
    }
}
```

在上述代码中，各成员变量类型前使用了访问权限修饰符 private，表示这些变量只能在本类中访问，如果要在类外部访问这些变量，则需要使用与之对应的 setter 方法和 getter 方法。

（3）运行程序，即可在 Console 窗格中看到输出结果，如图 6-3 所示。

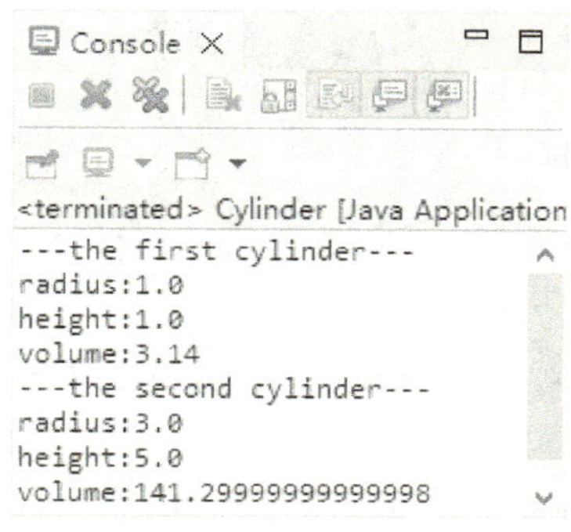


图 6-3　输出结果

## 五、使用静态成员

在 Java 中，如果不同的类之间需要对同一个变量或方法进行操作，则可以使用关键字 static 来修饰这个共享变量或方法，并将其定义为静态变量或静态方法（统称为静态成员）。相应地，没有使用 static 修饰的成员则称为动态成员。

与类的动态成员依赖类的实例（即具体的对象）不同，类的静态成员不依赖于类的实例，在不创建类对象的情况下就可以直接通过类名访问，且这些静态成员被类的所有实例共享。因此，动态变量（方法）被称为实例变量（方法），静态变量则被称为类变量。

调用静态成员的语法格式如下：

```
类名.静态变量名
类名.静态方法名（参数列表）
```

在类的内部，可以在任何成员方法内部访问静态变量，在没有重名变量的情况下，不需要在静态变量名称前加上类名前缀。如果要在其他类中访问静态变量，则需要在静态变量名称前加上类名前缀。

除了可以通过类名引用，静态成员也可以与动态成员一样，通过对象名引用，在类的内部有重名变量的情况下，使用 this 关键字引用。

这里需要注意，在静态方法体中不能直接访问实例变量和实例方法，必须先创建类的对象，再由对象来引用实例变量和实例方法，或者将实例变量和实例方法修改为静态成员。例如，类的主方法 main()就是一个静态方法，如果在主方法中直接访问类的一个成员变量，则会报错，并提示不能在静态上下文中访问非静态的域（field），如图 6-4 所示。

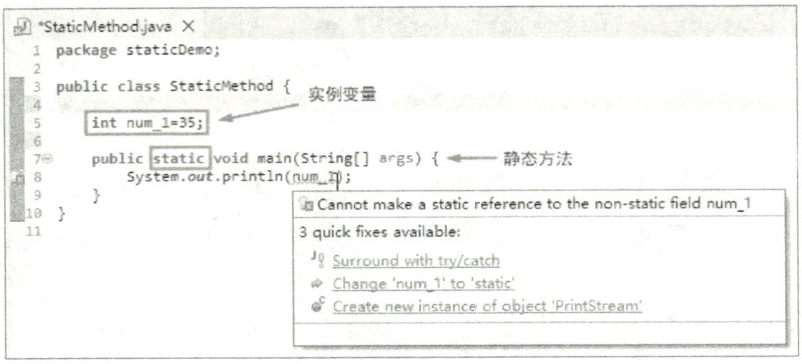

```
*StaticMethod.java
1  package staticDemo;
2
3  public class StaticMethod {      实例变量
4
5      int num_1=35;
6
7      public static void main(String[] args) {  ← 静态方法
8          System.out.println(num_1);
9      }
10 }
11
Cannot make a static reference to the non-static field num_1
3 quick fixes available:
Surround with try/catch
Change 'num_1' to 'static'
Create new instance of object 'PrintStream'
```

图 6-4　程序报错

## 案例——计算快递费用

假设某快递公司只接收质量小于或等于 100kg 的包裹，且运费按质量计算，寄达上海首重费用为 12 元，续重 1.01～20kg，每千克加收 4 元；续重 20.1～50kg，每千克加收 3.5 元；续重 50.1～100kg，每千克加收 3 元。本案例根据包裹质量计算首重费用调整前后的运费。

（1）新建一个 Java 项目 PackageFee，在项目中添加一个 PackageFee 类。

（2）首先在类中将首重费用定义为静态变量，并添加类的成员方法来计算运费、调整首重费用，然后添加 main()方法来创建类的对象，输入包裹质量，并调用静态变量和成员方法计算快递费用。具体代码如下：

```
//引入 Scanner 类
import java.util.Scanner;
public class PackageFee {
    //将首重费用设置为静态变量
    static double firstPound =12;
    //定义方法，根据质量计算运费
    public void calculateFee (double weight) {
        double fee = 0;
        //1kg 以内
        if (weight <= 1.0) {
            fee = firstPound;
        //续重 1.01~20kg
        } else if (weight <= 20.0) {
            fee = Math.ceil((weight - 1.0)) *4 + firstPound;
        } else if (weight <= 50.0) {
            //续重 20.1~50kg
            fee = Math.ceil((weight - 1.0)) *3.5 + firstPound;
        } else if (weight <= 100.0) {
            //续重 50.1~100kg
            fee =Math.ceil((weight - 1.0)) *3 + firstPound;
        }else{
            //超重提示
```

```
            System.out.println("您的包裹质量超出 100kg，请咨询物流公司！");
        }
        //输出运费
        System.out.println("应付运费：" + fee + "元。");
    }


    //调整首重费用
    public void changeStartingPrice(double newPrice) {
        firstPound = newPrice;
    }

    public static void main(String[] args) {
        //包裹质量
        double weight;
        //创建扫描器
        Scanner sc = new Scanner(System.in);
        //不创建类的情况下访问静态变量，输出首重费用
        System.out.println("寄达上海首重费用" + firstPound + "元\n 请输入包裹质量：
");
        //接收 Console 窗格中输入的质量数据
        weight = sc.nextDouble();
        //创建对象
        PackageFee packageA = new PackageFee();
        //计算运费
        packageA.calculateFee(weight);
        System.out.println("迎新春：首重费用下调！请输入下调后的首重费用：");
        //接收 Console 窗格中输入的新的首重费用
        double changedPrice = sc.nextDouble();
        System.out.println("请输入包裹质量：");
        //接收包裹质量数据
        weight = sc.nextDouble();
        //创建对象
        PackageFee packageB = new PackageFee();
        //调用方法，设置新的首重费用
        packageB.changeStartingPrice(changedPrice);
        //计算运费
        packageB.calculateFee(weight);
        //关闭扫描器
        sc.close();
    }
}
```

（3）运行程序，在 Console 窗格中根据提示输入包裹质量和新的首重费用，即可输出对应的运费，如图 6-5 所示。（注意：在计算运费时，包裹质量应向上取整。）

图 6-5　输出结果

## 项目总结

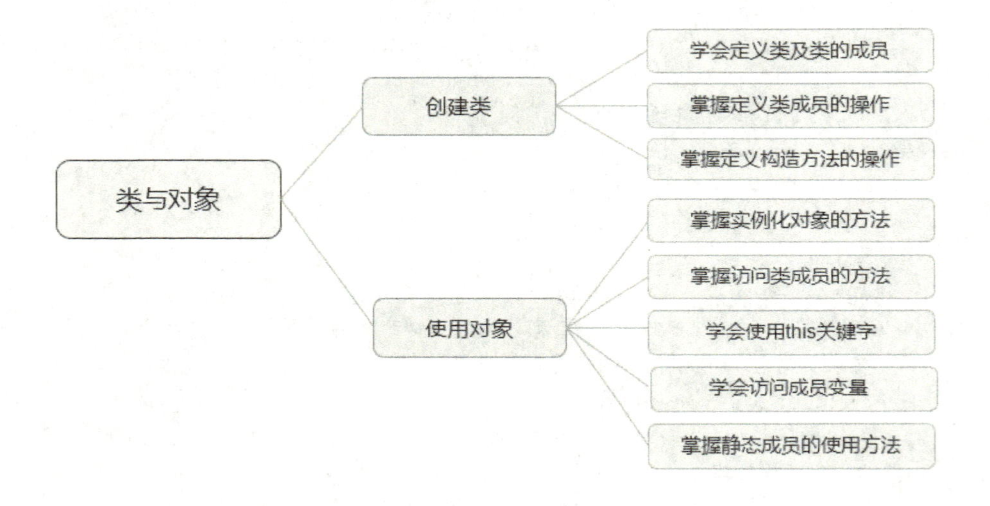


本项目简要介绍了在 Java 中定义类、类成员和构造方法，以及实例化对象、访问类成员、使用 this 关键字、访问成员变量和静态成员的使用方法等。这些知识点是面向对象编程的基础，在学习本项目时，读者要着重掌握类和对象的创建、访问方法，学会利用类和对象的特性编写程序，解决一些实际问题。

## 项目实战

### 实战：输出学生信息

本实战定义了一个学生类 StudentInfo，包含一个自定义的构造方法，用于为类中的属性赋值；一个成员方法，用于输出学生信息。

（1）新建一个 Java 项目 StudentClass，在项目中添加一个名称为 StudentInfo 的类，并定义类成员，代码如下：

```
public class StudentInfo {
    //定义学号、姓名、性别、年龄和专业
     public int ID;
     public String Name;
     public String Gender;
     public int Age;
     public String Major;
     //定义有参构造方法并初始化对象
     public StudentInfo(int id,String name,String gender,int age,String major)
     {
         this.ID = id;
         this.Name = name;
         this.Gender = gender;
         this.Age = age;
         this.Major = major;
     }
     //定义成员方法，输出学生信息
     public void PrintMsg()
     {
         System.out.println("学号：" + this.ID);
         System.out.println("姓名：" + this.Name);
         System.out.println("性别：" + this.Gender);
         System.out.println("年龄：" + this.Age);
         System.out.println("专业：" + this.Major);
     }
     public static void main(String[] args)
    {
     //创建对象
     StudentInfo student=new StudentInfo(27,"Candy","女",21, "财务管理");
     //调用成员方法，输出信息
     student.PrintMsg();
    }
}
```

（2）运行程序，输出结果如图 6-6 所示。

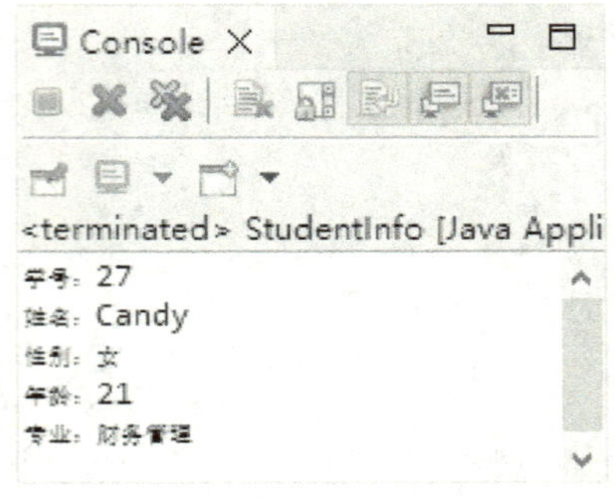


图 6-6　输出结果

## 习　　题

1．创建鲜花类，类中包含品名、颜色和数量 3 个属性，在构造方法中使用 this 关键字分别为这 3 个成员属性赋值。

2．在文具店买文具时，商家默认不提供购物袋，但是顾客可以根据自身需要要求商家提供一个购物袋。请利用有参构造方法实现该功能。

3．假设某银行整存整取两年期的定期存款年利率为 2.25%，首先在 Console 窗格中输入本金，使用静态变量计算银行存款的年利息，然后调整年利率，重新输入本金，计算年利息。

# 项目七　面向对象核心技术

## 思政目标

- 注重代码的访问安全，培养严谨、求实的优秀品质。
- 拓宽自己的视野，把握事物的共性，着眼于事物之间的关系。

## 技能目标

- 能够使用类的继承和方法重写实现对象多样化。
- 能够使用方法重载和类转型实现多态。
- 能够使用抽象类、接口和内部类实现多重继承。

## 项目导读

面向对象编程有三大基本特性：封装、继承和多态。封装的载体是类，可以提高代码的安全性和复用性。继承和多态本身也是很抽象的概念，需要读者有较宽广的视野，可以站在对象共性的高度，把握不同对象的细节和关系，从而构建高效且具有良好扩展性和维护性的程序架构。本项目主要介绍继承和多态在Java程序中的实现方法，以及抽象类、接口和内部类在面向对象编程中的应用。

## 任务一　类的继承

### 任务引入

通过上一个项目的学习，小白了解了封装的基本含义，掌握了类与对象的概念和使用方法。接下来，他开始学习面向对象的第2个特性——继承。“继承”的概念很好理解，但是如何在程序中实现它呢？如果子类要实现与父类不一样的功能，例如，蝴蝶因继承了动物类的move()方法而会动，但我们希望描述它以飞的方式动，应该如何实现呢？如果我们希望在子类中调用父类的成员方法和构造方法来实例化子类对象，又该如何实现呢？

## 知识准备

### 一、实现类的继承

继承的基本思想是基于某个类扩展出一个新的类。被继承的类称为“父类”或“超类”（superclass），继承父类的类称为“子类”（subclass）或“派生类”。

子类可以继承父类原有的属性和方法，也可以增加自己特有的属性和方法。例如，等边三角形是一种特殊的三角形，可以说等边三角形类继承了三角形类的所有属性和方法（例如，有三条边，内角和为180°），还扩展了一些等边三角形类特有的属性和方法（例如，三条边的长度相等，每个角都为60°）。

在Java中，使用关键字extends声明一个类继承自另一个类，语法格式如下：

```
子类名 extends 父类名
```

例如，下面的语句表示子类Children继承自父类People，且继承了父类中的属性和方法：

```
public class Children extends People{
//类体
}
```

事实上，Java的所有类都直接或间接地继承自java.lang.Object类。如果在定义类时没有使用extends关键字声明其继承自某个类，则该类隐式继承Object类。

注意：Java仅支持单继承，也就是说，一个类只可以有一个直接的父类，但可以有多个子类。

### 案例——比较不同包装礼品的区别

本案例使用类的继承说明精装礼品与简装礼品在价格上的区别。

（1）新建一个Java项目Presents，在项目中添加一个表示简装礼品的Paperback类。

（2）在Paperback类中定义简装礼品的成员属性和成员方法，具体代码如下：

```
public class Paperback {
    private String name;                        //礼品名称
    private float price;                        //价格
    private String material;                    //材质

    public String getName()                     //获得名称
    {
        return name;
    }
    public void setName(String name)            //设置名称
    {
        this.name = name;
    }
    public float getPrice()                     //获得价格
    {
```

```
        return price;
    }
    public void setPrice(float price)            //设置价格
    {
        this.price = price;
    }
    public String getMaterial()                  //获得材质
    {
        return material;
    }
    public void setMaterial (String material)    //设置材质
    {
        this.material = material;
    }
}
```

（3）在项目中添加一个表示精装礼品的 Clothbound 类，并使其继承 Paperback 类。在 Clothbound 类中定义精装礼品的成员属性和成员方法，具体代码如下：

```
public class Clothbound extends Paperback{
    //定义子类特有属性包装盒费用
    private double packagesfee;
    //获得包装盒费用
    public double getPackagesfee()
    {
        return packagesfee;
    }
    //设置包装盒费用
    public void setPackagesfee(double packagesfee)
    {
        this.packagesfee = packagesfee;
    }
}
```

（4）在项目中添加一个新的类 PresentsTest，并在该类中定义主方法 main()，比较精装礼品和简装礼品的价格差别，具体代码如下：

```
public class PresentsTest {
    public static void main(String[] args)
    {
        //创建 Paperback 对象
        Paperback paperback = new Paperback();
        //初始化简装礼品的名称、价格、材质
        paperback.setName("简装手办");
        paperback.setPrice(168.9f);
        paperback.setMaterial("塑料");
        //创建 Clothbound 对象
```

```
        Clothbound clothbound = new Clothbound();
        //初始化精装礼品的名称、价格、材质和包装盒费用
        clothbound.setName("精装手办");
        clothbound.setPrice(309.9f);
        clothbound.setMaterial("合金");
        clothbound.setPackagesfee(15f);
        //提示信息
        System.out.println("礼品名称\t 礼品材质\t 礼品价格(元)\t 包装费(元)\t 总价(元)");
        //分割线
        System.out.println("————————————————————————————————————————————————————————————————————————————————————————————————————————");
        //输出简装礼品和精装礼品的信息
        System.out.println(paperback.getName() + "\t" + paperback.
getMaterial() + "\t\t" + paperback.getPrice() +"\t\t" + "5.0" + "\t\t" +
(float) (paperback.getPrice() +5.0f));
        System.out.println(clothbound.getName() + "\t" +clothbound.
getMaterial()+ "\t\t" + clothbound.getPrice() + "\t\t" +
clothbound.getPackagesfee()+"\t\t" +(float) (clothbound.getPrice() +
clothbound. getPackagesfee()));
        System.out.println("————————————————————————————————————————————————————————————————————————————————————————————————————————");
         //计算差价
        float minus = (float)(clothbound.getPrice() + clothbound.
getPackagesfee() - (paperback.getPrice() +5.0f));
         //输出结果
        System.out.println("差价（元）\t\t\t\t\t\t\t"
                            +minus);
    }
}
```

（5）运行程序，即可在 Console 窗格中看到输出结果，如图 7-1 所示。

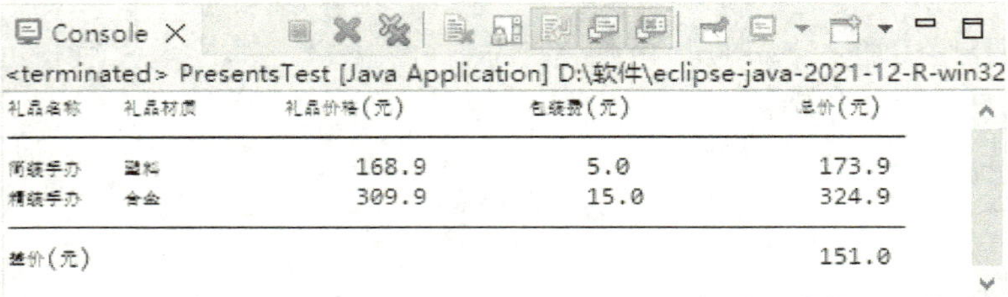

```
Console ×
<terminated> PresentsTest [Java Application] D:\软件\eclipse-java-2021-12-R-win32
礼品名称    礼品材质      礼品价格(元)          包装费(元)          总价(元)
————————————————————————————————————————————————————————————————————————
简装手办    塑料            168.9               5.0               173.9
精装手办    合金            309.9               15.0              324.9
————————————————————————————————————————————————————————————————————————
差价(元)                                                          151.0
```

图 7-1　输出结果

## 二、方法重写

在一般情况下，父类的成员都会被子类继承。子类对象在调用继承的方法时，调用的是父类的实现。如果需要对继承的方法进行不同的实现，则需要重写父类的成员方法。

重写（Override）也称为覆盖，是指在子类中保留父类的成员方法名称和参数列表，修改或重新编写实现内容、返回值类型或访问权限修饰符。也就是说，在 Java 中重写方法必须满足以下两个条件：

- 子类方法名和父类方法名必须相同。
- 参数类型、个数、顺序必须完全相同。

注意：重写父类成员方法的返回值类型是基于 Java SE 5.0 以上版本编译器的新功能。在通过修改访问权限修饰符重写父类方法时，不能降低方法的访问权限范围，也就是说，只能从小范围向大范围改变。例如，可以将 protected 修改为 public，但不能修改为 private。

如果子类与父类的成员方法名称、参数类型和个数、返回值类型都相同，唯一的不同是方法的实现内容，则这种重写方式被称为重构。

## 案例——描述不同交通工具的行驶速度

本案例通过类的继承与方法重写，描述不同交通工具的行驶速度。

（1）新建一个 Java 项目 OverrideDemo，在项目中添加一个交通工具类 Vehicle。在 Vehicle 类中定义一个成员方法，用于描述交通工具的速度，具体代码如下：

```
public class Vehicle {
    public void moveSpeed()
    {
        System.out.println("交通工具都可以移动，速度各不相同");
    }
}
```

（2）在项目中添加一个火车类 Train，并使其继承 Vehicle 类，通过修改方法的实现，重写父类的 moveSpeed()方法，输出火车的平均速度。具体代码如下：

```
//继承 Vehicle 类
public class Train extends Vehicle{
     //重写 moveSpeed()方法
    public void moveSpeed()
    {
        System.out.println("高铁的平均速度为 330km/h\n 动车的平均速度为 215km/h");
    }
}
```

（3）在项目中添加一个飞机类 Plane，并使其继承 Vehicle 类，通过修改方法的实现，重写父类的 moveSpeed()方法，输出飞机的平均速度。具体代码如下：

```
//继承 Vehicle 类
public class Plane  extends Vehicle{
    //重写 moveSpeed()方法
    public void moveSpeed()
    {
        System.out.println("民航客机的速度一般为 900km/h\n"+ "+波音 737 巡航速度能达
到 918km/h\n" + "+波音 747 巡航最快可以达到 0.98 马赫，大约 1200km/h");
```

```
    }
}
```

（4）在项目中添加一个新的类 Speed，在该类中定义主方法 main()，输出不同交通工具的平均速度，具体代码如下：

```
public class Speed {
    public static void main(String[] args)
    {
        //创建 Vehicle 类型的数组
        Vehicle vehicle[] = {new Vehicle(), new Train(), new Plane()};
        //遍历数组
        for (int i = 0; i < vehicle.length; i++)
        {
            //调用相应的 moveSpeed() 方法
            vehicle[i].moveSpeed();
        }
    }
}
```

（5）运行程序，即可在 Console 窗格中看到输出结果，如图 7-2 所示。

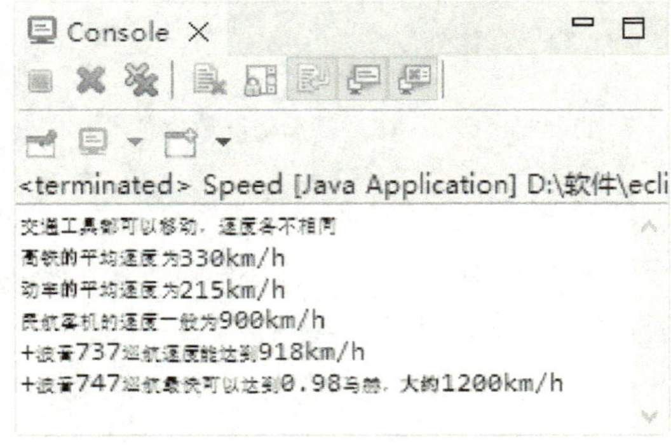


图 7-2　输出结果

## 三、使用 super 关键字

在继承关系中，如果子类和父类定义了同名的成员变量，或者子类的方法中定义了与父类成员变量同名的局部变量，则父类的成员变量将被隐藏，不可以被调用。如果重构了父类的成员方法，也就是说，父类与子类有相同的方法名、参数列表和返回值类型，则在子类范围内，父类方法会被隐藏。

在这种情况下，如果要调用父类的成员变量或方法，则需要使用 super 关键字引用继承自父类的成员。

super 关键字有两个功能：在构造方法中调用父类的构造方法或者调用父类的普通方法。语法格式如下：

```
super.变量名                //调用父类的成员变量
super.方法名（参数列表）    //调用父类的成员方法
```

```
//调用父类的有参构造方法。如果没有参数，则调用父类的无参构造方法，此时可以省略不写
super（参数列表）
```

## 案例——蝴蝶与动物的关系

本案例重写了父类的成员方法，并使用 super 关键字调用父类的构造方法、成员变量和成员方法。

（1）新建一个名称为 SuperDemo 的项目，在项目中添加一个名称为 Animal 的类，并定义类成员，具体代码如下：

```
public class Animal {
    private String name;                    //私有属性，动物名称
    int eyes=2;                             //默认属性，眼睛数量
    //有参构造方法
    public Animal (String name){
        this.name = name;
    }
    //无参构造方法
    public Animal (){}
    //提供访问私有属性的方法
    public String getName() {
        return name;
    }
    //提供修改私有属性的方法
    public void setName(String name) {
        this.name = name;
    }
    //成员方法
    public void move(){
        System.out.println(name+"有"+eyes+"只眼睛，会动");
    }
}
```

（2）在项目中添加一个继承自 Animal 类的子类 Butterfly，定义子类特有的属性，调用父类构造方法，重写 move()方法，并定义子类特有的成员方法，具体代码如下：

```
//子类，继承自 Animal 类
public class Butterfly extends Animal{
    private int swings;                     //子类特有属性
    //子类的方法中定义了与父类成员变量同名的局部变量 name
    public Butterfly (String name){
        //调用父类的构造方法形成子类的构造方法
        super(name);
    }
    //重写 move()方法
    public void move(){
```

```
    //子类对象不能直接使用父类的私有属性 name，只能通过 setter 方法和 getter 方法访问
        System.out.println(getName()+"会飞");
    }

    public void info(){
        //引用父类的成员变量
        System.out.println(getName()+"有"+ super.eyes+"只眼睛"+getSwings()+"对
翅膀");
        //调用父类的成员方法 move()
        super.move();
        //调用子类重写的成员方法 move()
        move();
    }
    //提供访问私有属性的方法
    public int getSwings() {
        return swings;
    }
    //提供修改私有属性的方法
    public void setSwings(int swings) {
        this.swings = swings;
    }
}
```

**注意：**在子类中调用父类的构造方法形成子类的构造方法时，super 语句必须被写在构造方法的第 1 行，以保证首先调用父类的构造方法。

（3）在项目中添加一个 Test 类，用于测试程序效果，具体代码如下：

```
public class Test {
    public static void main(String[] args) {
        //实例化父类对象
        Animal a = new Animal("蚂蚁");
        a.move();
        //实例化子类对象
        Butterfly b = new Butterfly("蝴蝶");
        b.setSwings(3);
        b.info();
    }
}
```

（4）运行程序，即可在 Console 窗格中看到输出结果，如图 7-3 所示。

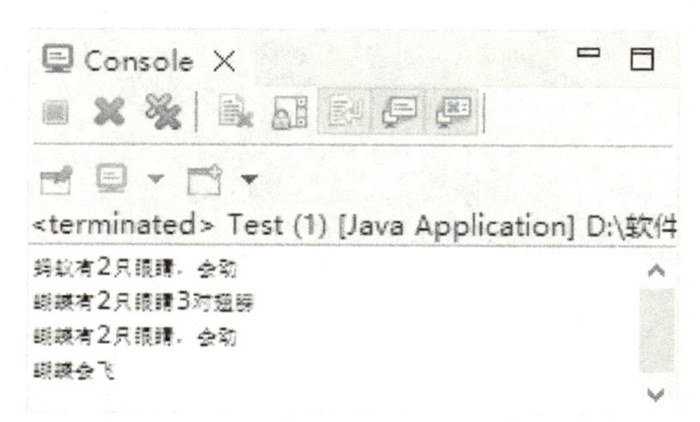


图 7-3　输出结果

从输出结果可以看到，Butterfly 类在继承 Animal 类之后，其对象 b 有了父类的 name 属性和 eyes 属性。事实上，在创建 Butterfly 类的对象 b 时，首先会执行 super(name)语句，在该对象的内存空间中存放 Animal 类的属性 name 和 eyes，然后存放 Butterfly 类的属性 swings。只有将两者合起来才能构成对象实体 b。

### 四、使用 final 关键字

在某些情况下，出于安全考虑，通常不希望类中的方法被重写或修改，这时可以使用 final 关键字进行声明。

final 关键字表示不可改变，不仅可以修饰方法，还可以修饰类及类的成员变量。语法格式如下：

（1）修饰类。

```
final class 类名{...}                    //表示该类不能被其他类继承
```

（2）修饰类的成员方法。

```
final 返回值类型 方法名称(参数列表){...}     //表示该方法不能被重写
```

（3）修饰类的成员变量。

修饰类的成员变量与继承无关，而是表示定义一个常量。

```
final 数据类型 常量名 = 值;
```

如果在程序中试图修改由 final 关键字修饰的类或类成员，则会产生编译错误。

## 任务二　类的多态

### 任务引入

小白想编写一个程序，用于实现不同类型的数据的减法运算，且每次运算除了参数和返回值类型不一样，计算方法完全相同，应该如何编写程序呢？

小白联想到现实世界中，经常会概括一个事物的本质，比如“老虎是动物，熊猫是动物，大象是动物”，在程序语言中，是否也能这样描述事物之间的关系呢？

## 知识准备

面向对象编程的多态特性，简单来说，就是“对外一种定义，内部多种实现”。在程序中，可以从两方面体现：方法重载和类转型。

### 一、方法重载

方法重载（Overload）是面向对象编程的多态特性的一种表现形式。

Java 支持方法重载，可以在同一个类中定义多个名称相同但参数不同的方法。方法名相同表示对外采用统一接口，而参数列表不同导致方法内部实现不同。在 Java 中，方法重载必须满足以下条件：

- 方法名相同，包括大小写相同。
- 方法的参数列表必须不同，可以是参数的类型、个数或顺序不同。
- 方法的返回类型、修饰符可以相同，也可以不同。

注意：“方法重载”与“方法重写”从字面上看很相似，但意义大不相同。除参数列表的要求不一样之外，方法重载可用于同一个类的所有方法，且一个方法在所属类中可以被重载多次；但方法重写只能用于继承自父类的方法，且只能被子类重写一次。

重载的方法可以是构造方法，也可以是其他成员方法。编译器将参数列表的不同作为重载的判定依据，确定具体调用哪个被重载的方法。

值得一提的是，在重载构造方法时，在构造方法的第一条语句中可以使用 this 关键字调用本类的其他构造方法，语法格式如下：

```
this(参数列表)
```

### 案例——重载构造方法

本案例在类中定义了 3 个构造方法，分别用于初始化给定信息完整程度不同的对象，演示构造方法的重载，以及使用 this 关键字减少重复编码的方法。

打开项目 thisDemo，在项目中新建一个名称为 OverloadDemo 的类。在类文件中定义 3 个成员变量，并重载构造方法，定义获取和设置成员变量的方法。具体代码如下：

```
public class OverloadDemo {
    String name;
    int age;
    String gender;
    //构造方法 1，只初始化姓名
    public OverloadDemo(String name) {
        this.name = name;
    }
    //构造方法 2，初始化姓名和年龄
    public OverloadDemo(String name,int age) {
        //调用上一个构造方法初始化姓名
```

```
        this(name);
        this.age = age;
    }
    //构造方法3，初始化姓名、年龄和性别
    public OverloadDemo(String name,int age,String gender) {
        //调用上一个构造方法初始化姓名和年龄
        this(name,age);
        this.gender = gender;
    }
    //定义获取和设置成员变量的方法
    public String getName() {
        return name;
    }
    public void setName(String name) {
        this.name = name;
    }
    public int getAge() {
        return age;
    }
    public void setAge(int age) {
        this.age = age;
    }
    public String getGender() {
        return gender;
    }
    public void setGender(String gender) {
        this.gender = gender;
    }
}
```

在第 1 个构造方法中，使用 this 关键字引用本类对象，以区分同名的成员变量和局部变量。在第 2 个构造方法中，使用 this 关键字调用第 1 个构造方法，初始化姓名。采用同样的方法，在第 3 个构造方法中，使用 this 关键字调用第 2 个构造方法，初始化姓名和年龄。

## 案例——不同类型的数据的减法运算

本案例通过重载方法实现不同类型的数据的减法运算。

（1）新建一个 Java 项目 MinusDemo，在项目中添加一个 MinusDemo 类。

（2）在类中定义 5 个同名的方法，用于进行减法运算，并添加 main()方法。具体代码如下：

```
public class MinusDemo {
    //定义一个方法，用于进行两个 int 类型的数据的减法运算
    public int minus(int a,int b) {
        System.out.println("调用 int 版的方法");
```

```
        return a-b;
    }
    //参数类型为 float
    public float minus(float a,float b) {
        System.out.println("调用 float 版的方法");
        return a-b;
    }
    //参数类型为 double
    public double minus(double a,double b) {
        System.out.println("调用 double 版的方法");
        return a-b;
    }
    //第 1 个参数类型为 double，第 2 个参数类型为 int
    public double minus(double a,int b) {
        System.out.println("调用混合版的方法 1");
        return a-b;
    }
    //第 1 个参数类型为 int，第 2 个参数类型为 double
    public double minus(int a,double b) {
        System.out.println("调用混合版的方法 2");
        return a-b;
    }
    //主方法
    public static void main(String[] args) {
        //创建一个对象
        MinusDemo minusTest = new MinusDemo();
        //根据参数调用不同的方法并输出结果
        System.out.println("2 个 int 类型的数相减："+minusTest.minus(35,21));
        System.out.println("2 个 float 类型的数相减:"+minusTest.minus (35l,21l));
        System.out.println("2 个 double 类型的数相减："+minusTest.minus
(35.5,21.2));
        System.out.println("double 类型和 int 类型的数相减："+minusTest.minus
(35.5,21));
        System.out.println("int 类型和 double 类型的数相减："+minusTest.minus
(35,21.2));
    }
}
```

（3）运行程序，在 Console 窗格中可以看到，根据输入的参数类型不同，会自动调用不同的 minus()方法进行计算，并输出结果，如图 7-4 所示。

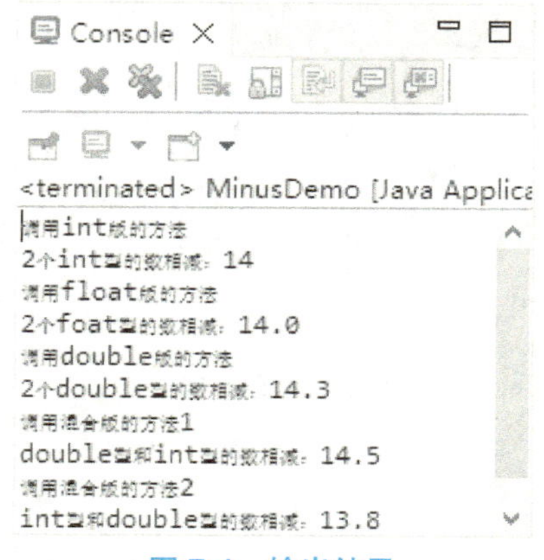

图 7-4　输出结果

## 二、类转型

类转型是面向对象编程的多态特性的直接体现，分为向上转型和向下转型。

### 1. 向上转型

向上转型的目的是使父类可以调用子类重写的父类的方法，此时父类并不能调用子类中独有的属性和方法。例如，直升机（Helicopter）是飞机（Plane）的一种类型，可以将直升机类（子类）看作一个飞机类（父类）对象，使用程序语言表示如下：

```
//将直升机类（子类）对象赋值给飞机类（父类）对象
Plane pobj = new Helicopter();
```

也就是说，把子类对象赋值给父类对象的技术被称为“向上转型”，此时直升机将失去其特有的属性和功能。由于向上转型是从一个较具体的类转换到较抽象的类，因此是安全的。

### 2. 向下转型

向下转型是将较抽象的类转换为较具体的类，即将父类对象赋值给子类对象。在通常情况下，这种转型会出现问题，就好像“所有动物都是蝴蝶”一样不合乎逻辑。

如果父类对象引用指向的是一个实际的子类对象，则可以进行向下转型。但需要注意的是，必须通过显式类型转换指明将父类对象转换为哪一种类型的子类对象。

例如，下面的代码将父类对象 pobj 赋值给子类对象 hobj：

```
//向上转型，将直升机类（子类）对象赋值给飞机类（父类）对象
Plane pobj = new Helicopter();
//向下转型，将飞机类（父类）对象强制转换为直升机类（子类）
//并赋值给直升机类（子类）对象
Helicopter hobj = (Helicopter) pobj;
```

经过向上转型后，父类对象 pobj 指向的是一个子类对象，因此，接下来可以使用强制转换将该父类对象向下转型为子类对象。

在对类进行转型后，可以从父类的角度看待所有的子类，从而突出子类的共性，屏蔽子类之间的差别，利用这一点可以简化代码。

## 案例——不同动物的习性

本案例使用类转型输出不同动物的习性，演示使用类转型简化代码，体现多态特性的方法。

（1）新建一个 Java 项目 Transformation，在项目中新建一个名称为 Animal 的类，定义成员变量和成员方法，具体代码如下：

```
public class Animal {
    private String name;    //私有属性，动物名称
    //有参构造方法
    public Animal (String name){
        this.name = name;
    }
    //无参构造方法
    public Animal (){}
    //提供访问私有属性的方法
    public String getName() {
        return name;
    }
    //提供修改私有属性的方法
    public void setName(String name) {
        this.name = name;
    }
    //成员方法
    public void info(){
        System.out.println("不同动物有不同的生活习性");
    }
}
```

（2）在项目中添加一个名称为 Tiger 的类，使其继承 Animal 类，并调用 Animal 类的构造方法进行初始化，重写 info()方法，具体代码如下：

```
//继承 Animal 类的子类 Tiger
public class Tiger extends Animal{
    public Tiger(String name){
        super(name);           //调用 Animal 类的有参构造方法
    }
    //重写 info()方法
    public void info(){
        System.out.println(getName()+"以捕食 4 条腿的大中型动物为主");
    }
}
```

（3）按照上一步的方法定义 Animal 类的两个子类 Panda 和 Elephant，具体代码如下：

```
//Panda.java
public class Panda extends Animal{
    public Panda(String name){
```

```
        super(name);
    }
    public void info(){
        System.out.println(getName()+"食物主要是剑竹，也具有食肉动物吃肉的潜力");
    }
}
//Elephant.java
public class Elephant extends Animal{
    public Elephant(String name){
        super(name);
    }
    public void info(){
        System.out.println(getName()+"是纯粹的素食主义者，主要以植物的叶子和根为食");
    }
}
```

（4）在项目中添加一个名称为 Test 的类，用于测试程序，具体代码如下：

```
public class Test {
    public static void main(String[] args) {
        //定义一个父类类型数组，其中每个元素为一个子类对象
        Animal[] animal = new Animal[] {new Tiger("老虎"),new Panda("熊猫"),new
Elephant("大象")};
        //遍历数组，调用同一个方法 info()输出信息
        for(int i=0;i<3;i++) {
            animal[i].info();
        }
    }
}
```

上面的代码首先定义了一个 Animal 类型的数组 animal，其中的每个元素都是其子类的一个对象实例。这样做的好处是，3 个不同的子类对象可以使用同一个名字 animal。然后就可以使用 for 循环调用不同对象的同一个方法 info()，实现不同的输出。这样不仅体现了多态特性，还简化了代码。

（5）运行程序，即可在 Console 窗格中看到输出结果，如图 7-5 所示。

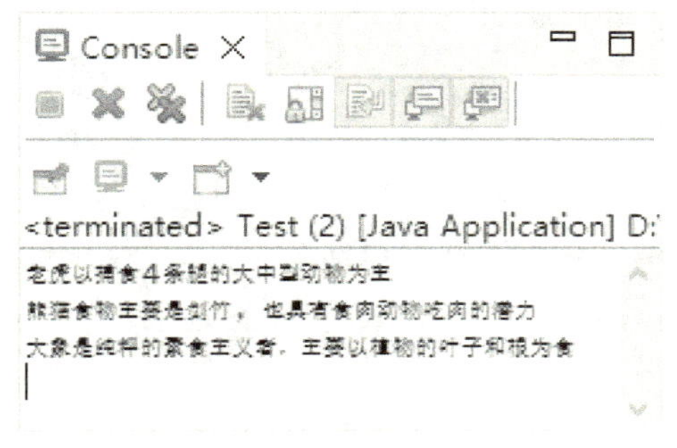


图 7-5　输出结果

### 三、使用 instanceof 关键字

在程序中执行向下转型操作时，如果父类对象不是子类的实例，就会发生 ClassCastException 异常。因此，一个良好的编程习惯是，在进行强制转换之前先判断对象是不是要转换的类的实例。

在 Java 中，使用 instanceof 关键字可以判断父类对象是否为子类的实例，返回值为布尔值，语法格式如下：

```
对象引用 instanceof  类名
```

上面的语法表示判断指定的对象是否为指定类名的实例。如果是，则返回 true，否则返回 false。

例如，下面的代码用于判断 Plane 类对象 pobj 是否为 Helicopter 类（子类）的实例，如果是，则进行向下转型，否则输出提示信息：

```
if (pobj instanceof Helicopter){
    Helicopter hobj = (Helicopter) pobj;
}
else{
    System.out.println("pobj 不是 Helicopter 类的实例");
}
```

## 任务三　抽象类与接口

### 任务引入

通过前面两个任务的学习，小白基本了解了继承和多态的原理与实现方法，但他并没有浅尝辄止。勤于思考的他想到了一个很实际的问题，如果类的继承关系链较长，例如，常见的形状类可以派生出三角形类、四边形类等，三角形类可以派生出锐角三角形类，锐角三角形类又可以派生出等边三角形类，虽然具体的子类容易定义，但最初的形状类应包含所有形状的共性，这时应该如何定义呢？

如果有的子类需要继承多个父类的方法，例如，三角形类不仅需要继承形状类来实现周长和面积的计算功能，还需要继承另一个类的方法来实现比较大小的功能，但 Java 只支持单向继承，这种情况又该如何解决呢？

### 知识准备

在继承关系中，父类应包含所有子类的共性。如果类的继承关系链较长，则子类会越来越具体，反之，位于顶层的父类会越来越抽象、通用，有的甚至没有具体的实现方法，导致不能生成具体的实例。在 Java 中，这种无法使用具体语言定义的类称为抽象类。

### 一、定义抽象类

Java 使用 abstract 关键字修饰抽象类。抽象类在继承关系中通常位于顶层，不能被实例

化。抽象类中使用abstract关键字修饰的方法被称为抽象方法。

定义抽象类的语法格式如下：

```
[访问权限修饰符] abstract class 类名{
    …
    //定义抽象方法
    [访问权限修饰符] abstract 返回值类型 方法名（参数列表）;
    //定义具体方法
    [访问权限修饰符] 返回值类型 方法名（参数列表）{
    //方法体
    …
    }
}
```

抽象类中可以包含成员变量、构造方法、抽象方法和具体方法中的全部项或部分项。需要注意的是，抽象方法在方法头的结尾处直接以分号结束，没有方法体，也没有定义方法体的一对花括号{}。抽象方法通常用于描述方法具有的功能，而不提供具体功能的实现。对于具体方法来说，即使方法体为空，花括号{}也不能省略。

注意：不能将构造方法定义为抽象方法，也不能将抽象方法定义为静态方法。

由于抽象方法不定义具体功能的实现，因此，如果要实现相应的功能，应当通过被子类继承、重写来实现。包含抽象方法的类必须被定义为抽象类，否则编译时会报错。事实上，抽象类存在的意义就是被继承，抽象方法存在的意义就是被重写，而且必须在子类中被重写，否则子类也应被定义为抽象类。

## 二、声明接口

前面提到过，抽象类被继承后，子类必须重写抽象类中的所有抽象方法。假设A类和B类都继承了抽象类S1，虽然A类不需要实现其中的某个抽象方法，但它不得不实现以符合语法。如果将该抽象方法从抽象类S1中移除并放入S2类中，此时需要实现该抽象方法的B类就不得不同时继承S1和S2类，这又违反了Java中不允许多重继承的语法规则。为了弥补不允许多重继承的缺憾，Java提供了接口。

Java中的接口是抽象类的延伸，可以被看作所有方法都没有方法体的抽象类。也就是说，接口中只声明方法（要实现的功能），但不具体实现（方法体）。具体实现由实现接口的类确定。一个类可以实现多个接口，从而实现多重继承。

Java使用interface关键字声明接口，语法格式如下：

```
[public] interface 接口名称 [extends 父接口名列表]{
    //接口体
}
```

接口的访问权限可选值为public，如果被省略，则使用默认的访问权限。

在接口体中，可以定义成员变量和成员方法。接口中的变量默认都是public static final类型的，也就是静态常量，因此必须被显式地进行初始化。接口中的方法默认都是public abstract类型的抽象方法，没有方法体。接口没有构造方法，因此不能创建接口的对象。

## 三、实现接口

在声明接口后，可以在定义类时使用 implements 关键字表明该类实现某个或某些接口。实现接口的类必须重写接口中的所有抽象方法。实现接口的语法格式如下：

```
class 类名 implements 接口名{
  //各个抽象方法的具体实现
}
```

### 案例——计算形状的周长和面积

本案例首先声明一个接口，定义计算形状的周长和面积的抽象方法，然后定义两个类来实现该接口，分别输出圆形与三角形的周长和面积。

（1）在 Eclipse 中新建一个 Java 项目 InterfaceDemo，在项目中添加一个名称为 Shape 的接口，并在接口中定义静态常量和两个抽象方法。具体代码如下：

```
//声明接口 Shape
public interface Shape {
    //定义静态常量 PI
    public static final double PI = 3.14;
    //抽象方法，计算形状的面积
    public abstract double area();
    //抽象方法，计算形状的周长
    public abstract double perimeter();
}
```

（2）在项目中定义一个名称为 Circle 的类来实现 Shape 接口，用于计算圆形的周长和面积。具体代码如下：

```
public class Circle implements Shape{
    double radius;
    public Circle(double radius) {
        this.radius=radius;
    }
    //重写抽象方法，计算圆形的面积
    public double area() {
        double s=PI*radius*radius;
        return s;
    }
    //重写抽象方法，计算圆形的周长
    public double perimeter() {
        double c=2*PI*radius;
        return c;
    }
}
```

（3）在项目中定义一个名称为 Triangle 的类来实现 Shape 接口，用于计算三角形的周长和面积。具体代码如下：

```
public class Triangle implements Shape{
    //三角形的三条边长
    double a,b,c;
    public Triangle(double a,double b,double c) {
        this.a=a;
        this.b=b;
        this.c=c;
    }
    //重写抽象方法，计算三角形的周长
    public double perimeter() {
        double p=a+b+c;
        return p;
    }
    //重写抽象方法，利用海伦公式计算三角形的面积
    public double area() {
        double p= this.perimeter()/2;
        double s= Math.sqrt(p*(p-a)*(p-b)*(p-c));
        return s;
    }
}
```

（4）在项目中定义一个名称为 Test_Interface 的类，用于实例化形状，并测试接口。具体代码如下：

```
public class Test_Interface {
    public static void main(String[] args) {
        //实例化一个圆形和一个三角形
        Circle circle = new Circle(6);
        Triangle triangle = new Triangle(8,6,7);
        //通过对象调用类的成员方法，输出形状的周长和面积
        System.out.println("圆形的周长为: "+circle.perimeter());
        System.out.println("圆形的面积为: "+circle.area());
        System.out.println("三角形的周长为: "+triangle.perimeter());
        System.out.println("三角形的面积为: "+triangle.area());
    }
}
```

（5）运行程序，即可在 Console 窗格中看到输出结果，如图 7-6 所示。

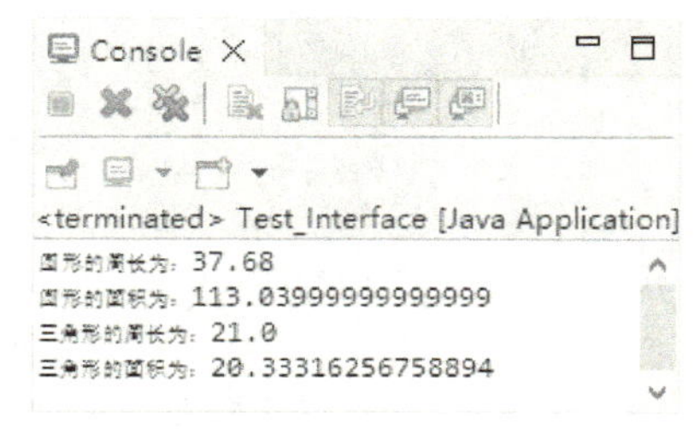


图 7-6　输出结果

从上面的案例中可以看到，类在实现接口时可以使用接口中定义的常量PI，并具体实现接口中定义的所有抽象方法。类实现接口实质上也是一种继承。

## 四、多重继承

在Java中，一个类可以实现多个接口，而实现一个接口时需要实现接口中的所有方法，因此可以利用接口实现类的多重继承，语法格式如下：

```
class 类名 implements 接口1, 接口2,...接口n{
    //各个接口所有抽象方法的具体实现
}
```

### 案例——计算并比较三角形的周长和面积

本案例首先在上一个案例的基础上定义一个接口，用于比较两个三角形的周长和面积；然后通过类同时实现两个接口，实现多重继承的效果。

（1）打开项目InterfaceDemo，在项目中添加一个名称为Compare的接口，并定义一个抽象方法，用于比较形状的周长和面积。具体代码如下：

```
public interface Compare {
    //定义抽象方法，用于比较形状的周长和面积
    public void compareTo(Object obj);
}
```

（2）打开Triangle.java，修改实现接口的定义，声明该类实现两个接口，并在类体中实现Compare接口中的抽象方法。修改后的代码如下：

```
public class Triangle implements Shape,Compare{
    //三角形的三条边长
    double a,b,c;
    public Triangle(double a,double b,double c) {
        this.a=a;
        this.b=b;
        this.c=c;
    }
    //重写抽象方法，计算三角形的周长
    public double perimeter() {
    double p=a+b+c;
    return p;
    }
    //重写抽象方法，利用海伦公式计算三角形的面积
    public double area() {
    double p=this.perimeter()/2;
    double s=Math.sqrt(p*(p-a)*(p-b)*(p-c));
    return s;
    }
    //重写Compare接口的抽象方法，用于比较形状的周长和面积
```

```
    public void compareTo(Object obj) {
        if(obj instanceof Triangle) {
            Triangle t=(Triangle)obj;
            if(this.perimeter()>t.perimeter()) {
                System.out.println("第 1 个形状周长较大");}
            else if(this.perimeter()<t.perimeter()) {
                System.out.println("第 2 个形状周长较大");}
            else {
                System.out.println("两个形状周长相等");}
            if(this.area()>t.area()) {
                System.out.println("第 1 个形状面积较大");}
            else if(this.area()<t.area()) {
                System.out.println("第 2 个形状面积较大");}
            else {
                System.out.println("两个形状面积相等");}
        }

        else {
            System.out.println("两者形状不匹配");}
    }
}
```

（3）在项目中定义一个名称为 Test_Interfaces 的类，用于实例化形状，并测试多重继承效果。具体代码如下：

```
public class Test_Interfaces {
    public static void main(String[] args) {
        //实例化两个三角形，存储在数组中
        Triangle triangle[] = new Triangle[] {new Triangle(5,8,9),new
Triangle(8,6,7)};
        //遍历数组，输出两个三角形的周长和面积
        for(int i=0;i<2;i++) {
            System.out.println("第"+(i+1)+"个三角形的周长为："+triangle[i].
perimeter());
            System.out.println("第"+(i+1)+"个三角形的面积为："+triangle[i].
area());
        }
        //调用重写的方法，比较两个三角形的周长和面积
        triangle[0].compareTo(triangle[1]);
    }
}
```

（4）运行程序，即可在 Console 窗格中看到输出结果，如图 7-7 所示。

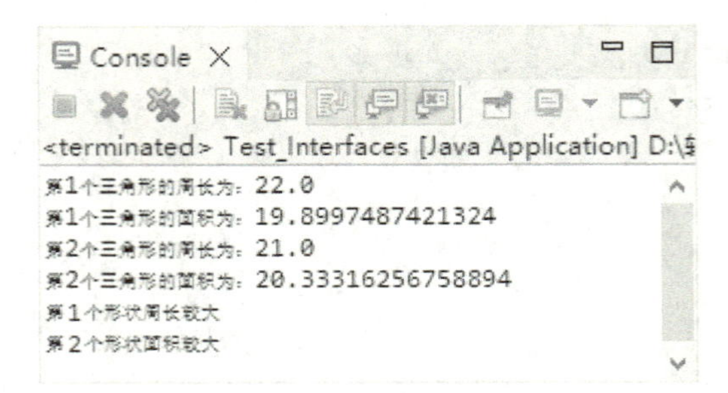


图 7-7　输出结果

## 五、抽象类与接口的异同

抽象类与接口这两个概念很相似，都包含抽象方法，都不能生成具体的实例，在用法上也都需要由其他类来继承或实现。两者的区别主要有以下几点：

（1）抽象类中可以有具体实现的方法，而接口中只能有抽象方法。抽象类中的具体方法可以供所有的子类继承使用，从而避免了在子类中重复实现，提高了代码的复用率。

（2）抽象类可以有构造方法，接口没有构造方法。

（3）如果在抽象类中增加一个具体方法，不会影响到它的子类。而接口不可以被随意修改，一旦接口被修改，则所有实现它的类都要被修改。

（4）抽象类中的成员变量可以有多种访问权限和类型，而接口中的成员变量只能是静态常量。

（5）一个类只能继承一个抽象类，但可以实现多个接口。

## 六、使用内部类

为了便于程序维护，通常在一个 Java 文件中只定义一个类。如果项目中的类与接口或两个接口之间的方法命名有冲突，在这种情况下，必须使用内部类来解决，这也是唯一一种必须使用内部类的情况。

内部类是在一个类的内部或接口中定义的新类，编译后生成两个独立的类。本节主要介绍成员内部类和匿名内部类的定义与使用方法。

### 1. 成员内部类

成员内部类，就是定义在一个类的内部，作为类的成员的类。定义成员内部类的语法格式如下：

```
修饰符 class OuterClass{
    修饰符 class InnerClass{
        //类体
    }
}
```

其中，OuterClass 类是外部类，InnerClass 类是成员内部类。成员内部类可以使用 static、protected 和 private 修饰，而外部类只能使用 public 或默认修饰符修饰。需要注意的是，成员内部类中不能定义静态变量。

成员内部类可以被视为外部类的一个成员，因此成员内部类可以访问外部类中的所有成员方法和成员变量（即使这些类成员被声明为 private 类型）。但外部类不能直接访问成员内部类的成员。

与创建普通类对象的方法相同，创建成员内部类对象也使用 new 关键字。如果在外部类中初始化一个成员内部类对象，则成员内部类对象会被绑定在外部类对象上。

提示：虽然使用内部类可以使程序更加简洁，但是会牺牲程序可读性。

## 案例——描述书架上可放的最多图书数量

本案例使用成员内部类来描述一个书架上可放的最多图书数量，演示定义和使用成员内部类的方法。

（1）新建一个 Java 项目 BookShelf，在项目中添加一个 BookShelf 类，并将该类作为外部类。

（2）在 BookShelf 类中定义一个内部类 Books，用于描述图书数量信息，具体代码如下：

```
//定义外部类
public class BookShelf {
    //定义内部类Books
    class Books {
        //内部类的成员变量
        int maxLayers;          //最多层数
        int maxNum;             //每层可放图书的最多数量
        //定义有参构造方法，用于初始化类对象
        public Books(int maxLayers,int maxNum) {
            this.maxLayers = maxLayers;
            this.maxNum = maxNum;
        }
        //定义内部类的成员方法，输出图书数量信息
        public void setValue() {
            System.out.println("一个书架的最多层数 " + maxLayers + " 层"+ "\n 每层最多图书数量 " + maxNum + " 本");
        }
    }
    //使用参数实例化内部类对象
    Books books = new Books(8, 20);

    public static void main(String[] args) {
        //实例化外部类对象
        BookShelf bookshelf = new BookShelf();
        //调用内部类对象和方法输出图书数量信息
        bookshelf.books.setValue();
    }
}
```

（3）运行程序，即可在 Console 窗格中看到输出结果，如图 7-8 所示。

图 7-8　输出结果

### 2. 匿名内部类

所谓匿名内部类，就是没有类名的内部类，通常用于将类体非常小（只有简单几行）且只需要使用一次的类作为参数传递给方法，以实现一个接口或一个类。这就是多态，其原理其实是实现了回调。

在 Java 中创建匿名内部类的语法格式如下：

```
new 接口名或抽象类名(){
    //类体
};
```

从上面的语法格式可以看出，匿名内部类与其他类的结构不同，它更像是一个继承类并实例化子类对象的表达式，结尾处应以分号结束。

由于类的构造方法名必须与类名相同，而匿名内部类没有类名，所以匿名内部类没有构造方法，使用范围非常有限。

## 案例——自我介绍

本案例首先创建一个接口，定义自我介绍的方法，然后使用匿名内部类实现接口，输出自我介绍的内容。

（1）在 Eclipse 中新建一个 Java 项目 AnonyClass，在其中添加一个名称为 Introduce 的接口，定义一个静态常量和一个自我介绍的抽象方法。具体代码如下：

```
public interface Introduce {
    //定义静态常量
    public static final String name = "Vivian";
    //定义抽象方法
    public abstract void sayHello();
}
```

（2）在项目中添加一个名称为 SayHi 的类，编写 main()方法，使用匿名内部类实现接口。具体代码如下：

```
public class SayHi {
    public static void main(String[] args) {
        //创建匿名内部类 Introduce 的对象
        Introduce intro = new Introduce() {
            //重写抽象方法
```

```
            public void sayHello() {
                System.out.println("大家好，我是行政部的"+name);
            }
        };  //分号不能少
        //匿名内部类 Introduce 的对象调用重写的方法
        intro.sayHello();
    }
}
```

（3）运行程序，即可在 Console 窗格中看到输出结果，如图 7-9 所示。

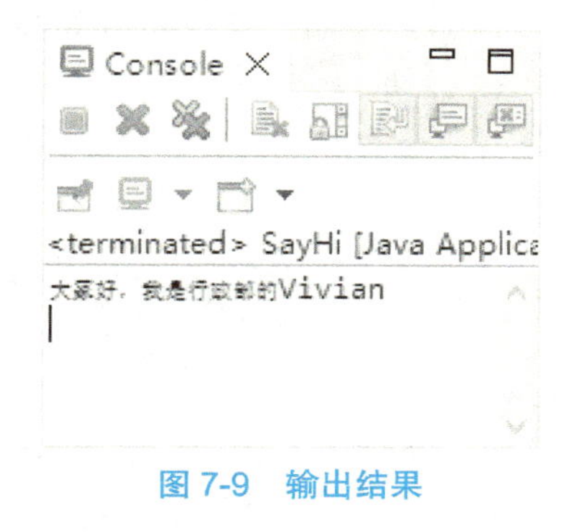


图 7-9　输出结果

## 项目总结

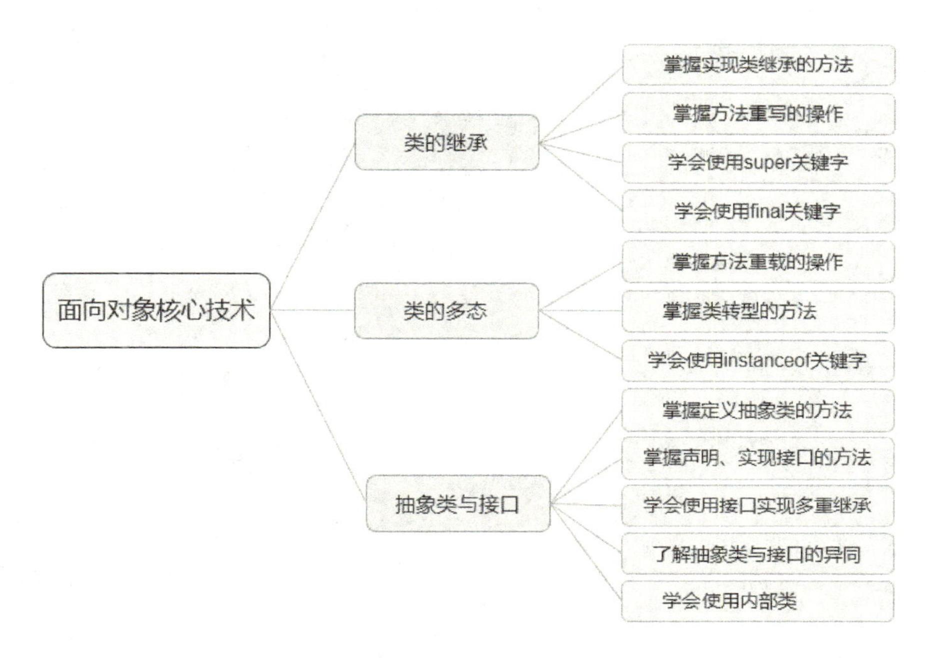


本项目主要介绍了继承和多态的机制，以及它们在程序中的应用。通过本项目的学习，读者应掌握面向对象的编程思想，学会利用重写、重载、类转型技术，以及抽象类与接口、内部类编写程序来解决一些实际问题，从而对继承和多态有较深入的了解。

面向对象语言的初学者在理解继承和多态时可能有些困难，因此在学习本项目时，要着重体会继承和多态机制，学会将编程的着眼点放在类与类之间的共性和关系上。

# 项目实战

## 实战一：查看联系人信息

本实战通过重载构造方法，根据联系人信息的完整程度输出相应的联系人信息。

（1）新建一个 Java 项目，在项目中添加一个名称为 ContactInfo 的类，并定义类成员，代码如下：

```
public class ContactInfo {
    //定义成员变量
    private String name;
    private String tel;
    private String email;
    //定义参数个数不同的 3 个构造方法
    public ContactInfo(String name) {
        this.name = name;
    }
    public ContactInfo(String name,String tel) {
        this.name = name;
        this.tel = tel;
    }
    public ContactInfo(String name,String tel,String email) {
        this.name = name;
        this.tel = tel;
        this.email = email;
    }
    //定义 getter 方法和 setter 方法
    public String getName() {
        return name;
    }
    public void setName(String name) {
        this.name = name;
    }
    public String getTel() {
        return tel;
    }
    public void setTel(String tel) {
        this.tel = tel;
    }
    public String getEmail() {
```

```
        return email;
    }
    public void setEmail(String email) {
        this.email = email;
    }
    public static void main(String[] args)
    {
    //创建对象
    ContactInfo no_1 = new ContactInfo("Candy");
    //调用 getter 方法输出信息
    System.out.println("只有姓名的联系人："+no_1.getName());
    //创建对象
    ContactInfo no_2 = new ContactInfo("Lucy","13012345678");
    //调用 getter 方法输出信息
    System.out.println("有姓名和电话的联系人："+no_2.getName()+
"\t"+no_2.getTel());
    //创建对象
    ContactInfo no_3 = new ContactInfo("Tommy","13123456742",
"Tommy@123.com");
    //调用 getter 方法输出信息
    System.out.println("有姓名、电话和邮箱地址的联系人："+no_3.getName()+"\t"+
no_3.getTel()+"\t"+no_3.getEmail() );
    }
}
```

（2）运行程序，即可在 Console 窗格中看到输出结果，如图 7-10 所示。

图 7-10　输出结果

## 实战二：描述植物的开花时节

本实战通过类的转型描述不同植物的开花时节。

（1）新建一个 Java 项目，在项目中添加一个名称为 Plant 的类，并定义类成员，代码如下：

```
//创建一个 Plant 类，使其作为其他植物的父类
public class Plant {
    private String name;            //植物名称

    public String getName()         //获得植物名称
    {
```

```
        return name;
    }

    public void setName(String name)                    //设置植物名称
    {
        this.name = name;
    }

    public void Bloom()                                 //创建 Bloom()方法
    {
        System.out.println("不同植物的开花时节相同吗？");  //在 Console 窗格中输出
    }
}
```

（2）在项目中添加 4 个类，使它们继承 Plant 类，并重写 Bloom()方法，用于描述 4 种不同植物的开花时节。具体代码如下：

```
//PeachBlossom.java
//创建 Lotus 类，使其继承 Plant 类
public class PeachBlossom extends Plant{
    //重写抽象方法 Bloom()
    public void Bloom()
    {
        System.out.println("blossoms in spring.");
    }
}

//Lotus.java
//创建 Lotus 类，使其继承 Plant 类
public class Lotus extends Plant{
     //重写抽象方法 Bloom()
    public void Bloom()
    {
        System.out.println("blossoms in summer.");
    }
}

//Chrysanathemum.java
public class Chrysanthemum extends Plant{
    //重写抽象方法 Bloom()
    public void Bloom()
    {
        System.out.println("blossoms in autumn.");
    }
}
```

```
//Plum.java
public class Plum extends Plant{
    //重写抽象方法 Bloom()
    public void Bloom()
    {
        System.out.println("blossoms in winter.");
    }
}
```

（3）在项目中添加一个名称为 PlantInfo.java 的文件，使用向上转型，描述 4 种不同植物的开花时节；使用向下转型，描述一种新植物的开花时节。具体代码如下：

```
public class PlantInfo {
    public static void main(String[] args) {
        //向上转型，把子类对象赋值给一个父类类型的数组
        Plant[] plants = new Plant[]{new PeachBlossom(), new Lotus(), new
Chrysanthemum(), new Plum()};
        //调用父类中的 setName()方法，设置植物名称
        plants[0].setName("Peach Blossom");
        System.out.print(plants[0].getName() + ": ");
        //父类对象调用子类中重写的 Bloom()方法
        plants[0].Bloom();

        plants[1].setName("Lotus");
        System.out.print(plants[1].getName() + ": ");
        plants[1].Bloom();

        plants[2].setName("Chrysanthemum");
        System.out.print(plants[2].getName() + ": ");
        plants[2].Bloom();

        plants[3].setName("Plum Blossom");
        System.out.print(plants[3].getName() + ": ");
        plants[3].Bloom();
        //向上转型，将子类对象 Lotus 赋值给父类对象 pobj
        Plant pobj = new Lotus();
        //向下转型，将父类对象 pobj 强制转换为 Lotus 类，并赋值给 Lotus 类对象
        Lotus lobj =  (Lotus) pobj;
        System.out.print("A New Plant: ");
        //调用 Lotus 类的成员方法
        lobj.Bloom();
    }
}
```

（4）运行程序，即可在 Console 窗格中看到输出结果，如图 7-11 所示。

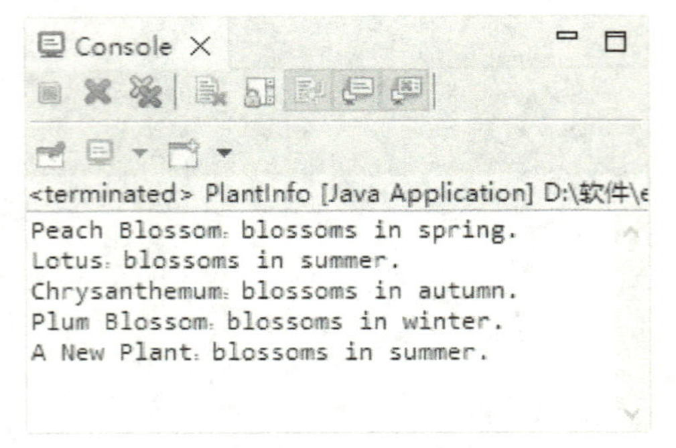


图 7-11　输出结果

## 实战三：销售部的组织结构

本实战利用成员内部类表示某企业销售部的组织结构。

（1）首先新建一个 Java 项目 Department，在项目中添加一个名称为 Sales 的类。然后在类中定义成员内部类 Members，并实例化成员内部类对象。最后在 main()方法中创建一个 Sales 类对象，输出销售部的组织结构。具体代码如下：

```
public class Sales {
    //实例化成员内部类对象
    Members members = new Members(1,2,4,20);
    //定义成员内部类
    class Members {
        int csoNum;      //销售总监数量
        int crmNum;      //大区经理数量
        int rmNum;       //区域经理数量
        int ssNum;       //销售主管数量

        public Members(int csoNum, int crmNum,int rmNum,int ssNum) {
            this.csoNum = csoNum;
            this.crmNum = crmNum;
            this.rmNum = rmNum;
            this.ssNum = ssNum;
        }

        public void setValue() {
            System.out.println("企业A销售部组织结构");
            System.out.println("销售总监：" + csoNum + "人\n大区经理：" + crmNum
+ "人\n区域经理："+ rmNum + "人\n销售主管：" + ssNum+"人");
        }
    }

    public static void main(String[] args) {
        //创建外部类的对象
        Sales orgs = new Sales();
```

```
        //调用成员内部类对象的成员方法
        orgs.members.setValue();
    }
}
```

（2）运行程序，即可在 Console 窗格中看到输出结果，如图 7-12 所示。

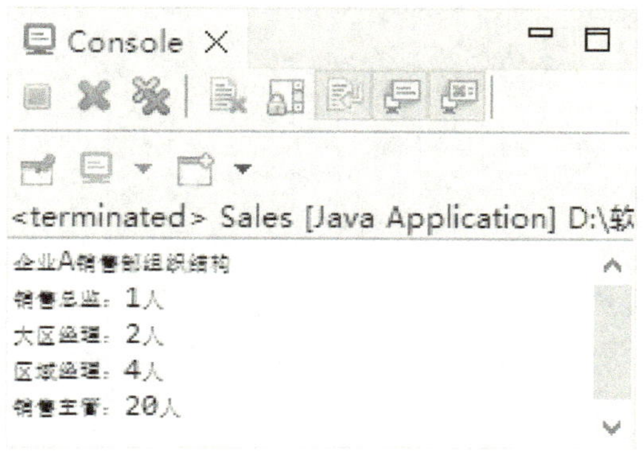


图 7-12　输出结果

## 习　　题

1．设计一个 Person 类，定义姓名和年龄属性，并通过重写方法输出小孩、中年人和老年人的喜好。

2．创建一个员工类，并基于此类派生两个子类：研发部和销售部。输出各个部门员工的基本信息和特有信息。

3．首先创建两个接口 Inter_A 和 Inter_B，分别定义两个整数相加和相减的抽象方法。然后创建一个接口 Inter_C，使其继承前两个接口，定义两个整数相乘的抽象方法。接着定义一个 Compute 类，用于实现接口 Inter_C。最后创建一个测试类，实例化类对象，输出两个数相加、相减、相乘的结果。

# 项目八　异常处理

## 思政目标

➢ 培养安全意识，访问项目时注意安全性。
➢ 善于发现和弥补欠缺的知识，有意识地完善知识体系。

## 技能目标

➢ 了解 Exception 类的常用方法。
➢ 能够使用 try-catch-finally 结构捕获并处理异常。
➢ 能够自定义异常类和对象，处理程序特有的异常。

## 项目导读

计算机程序在运行的过程中，难免会出现各种各样的错误。这些意料之外的错误不仅会造成用户界面不友好，还会对一些公司或企业造成比较严重的影响。为此，Java 提供了异常处理机制，帮助程序员检查可能出现的错误，提高程序的可读性和可维护性。本项目介绍了 Java 的异常处理机制，包括捕获、抛出异常，以及处理异常的常用方法。

## 任务一　了解异常

### 任务引入

“金无足赤，人无完人”，代码世界中的程序也一样，没有完美的程序。小白发现，有的程序在发生错误（如除数为 0）时，会在运行时显示一段红字来提示异常；而有的程序由于一些细微的错误（如大小写不匹配）却会导致程序无法运行。

小白知道作为一种成熟的编程语言，Java 有一套完善的异常处理机制，为什么有的程序在发生错误时会抛出异常，而有的程序则根本不能执行呢？在 Java 中，什么是异常，如何获取异常信息呢？Java 的异常处理机制如何捕获并抛出程序中的异常呢？

## 知识准备

### 一、什么是异常

世界上没有完美的程序，在程序设计和运行过程中，即使程序员已经尽可能地规避错误，也会不可避免地出现各种突如其来的问题。有一些错误是用户造成的，例如，要求输入一个 int 类型的数据，但是用户输入的是字符或超出 int 类型取值范围的数值；在读/写某些数据时，却发现数据源不存在。有一些错误则是随机出现的，例如，由于网络的原因而连接不到远程服务器，内存不足，程序崩溃，等等。

在 Java 中，异常就是在程序运行时产生的错误。所谓错误，是指程序运行期间由于某种原因而失败，也就是出错了。在程序开发过程中，一般会出现以下两种问题。

（1）语法错误。这种错误在编译期间就会被检测出来，比如，拼写错误、调用的变量没有定义、语句结束符丢失或多余等。这种错误会导致程序不能通过编译，也就不能生成字节码。

（2）运行错误。这种错误是指程序没有语法错误，可以顺利通过编译，但在运行期间出现错误，例如，对象没有正常初始化、访问的数组元素下标超出范围等。这种错误如果没有被处理，就会像程序中隐藏了“不定时炸弹”一样，随时可能造成程序运行中断、数据丢失甚至系统崩溃。这种错误就是本项目要重点介绍的“异常”。

### 二、获知程序异常信息的方法

在程序设计中，获知程序异常信息的方法有两种：返回约定的错误码和提供异常处理机制。

#### 1. 返回约定的错误码

在一些早期的程序语言中，为了处理异常，通常会先检查和判断程序中所有可能会发生的情况，然后针对各种情况编写分支语句，返回约定的错误码。例如，如果返回 0，则表示程序运行成功；如果返回其他整数，则表示出现错误码约定错误。

这种方法导致程序代码难以阅读，且难以修改和维护，因此不再适用于程序尤其是大型程序的异常处理。

#### 2. 提供异常处理机制

Java 内置了一套异常处理机制，使用异常来表示错误。异常是一种类，本身带有类型信息，只需要在上层捕获，就可以在任何地方抛出。

## 案例——异常示例

本案例编写了一个整数除法运算的程序，帮助读者认识 Java 中的异常处理机制。

（1）新建一个 Java 项目 ExceptionDemo，在项目中添加一个名称为 DivideTest 的类。

（2）引入包，在 DivideTest 类中添加 main()方法。具体代码如下：

```
package ch08;
```

```
import java.util.Scanner;
public class DivideTest {
    public static void main(String[] args) {
    //创建扫描器
    Scanner sc = new Scanner(System.in);
    //输入进行除法运算的被除数和除数
    System.out.print("请输入一个整数作为被除数：");
    int dividend = sc.nextInt();
    System.out.print("请输入一个整数作为除数：");
    int divisor = sc.nextInt();
    //执行除法运算并输出结果
    int quotient = dividend/divisor;
    System.out.println(dividend+"/"+divisor+"\0=\0"+quotient);
    sc.close();
    //程序运行成功，执行这条语句
    System.out.println("程序结束");
    }
}
```

（3）运行程序，在 Console 窗格中根据提示分别输入被除数和除数，按 Enter 键，即可输出计算结果。

如果输入的除数不为零，则输出除法运算的商和结束语句，如图 8-1 所示；如果输入的除数为 0，则抛出异常，并显示异常所在的位置，如图 8-2 所示。

从图 8-2 中可以看到，本案例产生的异常为算术异常 ArithmeticException，原因为第 13 行的代码中除数为 0，因此程序中断，第 13 行及之后的语句不会被执行，也就不会输出最后一条结束语句。

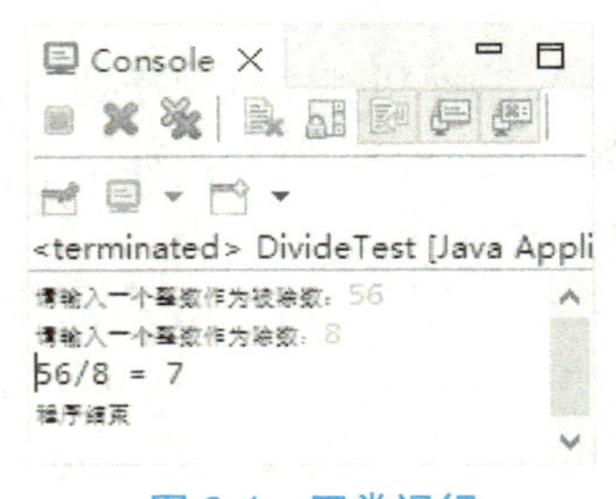


图 8-1　正常运行

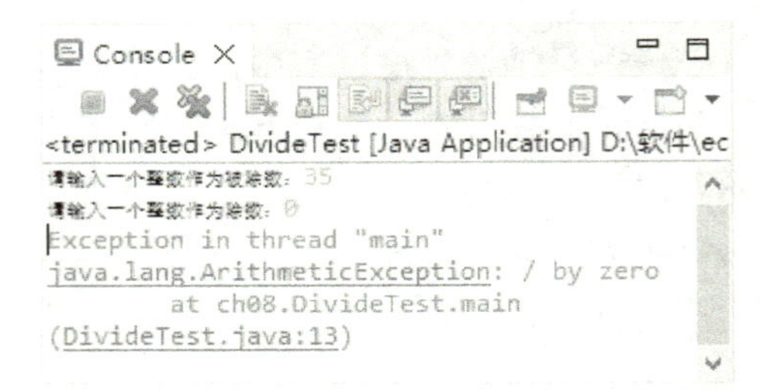


图 8-2　抛出异常

## 三、内置的异常

Java 将异常作为 Exception 类封装在核心语言包 java.lang 中，在出现错误时，就会抛出异常。

Exception 类继承自基类 java.lang.Throwable。Throwable 类是所有异常的父类，其下派生了两个子类：Error（错误）和 Exception（异常）。Error 类表示严重的错误，程序一般无法处理这种错误，如 OutOfMemoryError（内存耗尽）、NoClassDefFoundError（无法加载某个类）等。在遇到这种错误时，Java 虚拟机会选择终止线程，程序也不做处理。而 Exception 类则是应用程序本身运行时产生的错误，如算术异常、访问数组索引越界等，可以被捕获并处理。

Exception 类又分为两大类：运行时异常和非运行时异常。

运行时异常是指 RuntimeException 类及其子类异常，如常见的算术异常 ArithmeticException、数组元素赋值类型不兼容异常 ArrayStoreException 等。这种异常通常是因为程序逻辑错误产生的。在进行编译时，编译器不会检查是否对其进行了异常处理。

非运行时异常是指 Exception 类中除 RuntimeException 类以外的类及其子类，一般是因为程序编写不正确造成的，如试图打开一个错误的 URL 地址。在产生这种异常后，应该修复程序本身。

在 Java 中，必须捕获的异常包括 Exception 类及其子类，但不包括 RuntimeException 类及其子类，这种类型的异常称为受控异常（Checked Exception）；不需要捕获的异常包括 Error 类及其子类，RuntimeException 类及其子类，其中，RuntimeException 类及其子类的异常称为不受控异常（Unchecked Exception）。

也就是说，受控异常必须通过 try-catch 结构进行捕获和处理，或者包含在方法声明的 throws 列表中，由方法的调用者进行捕获和处理，否则不能通过编译。不受控异常不需要包含在任何方法声明的 throws 列表中就自动可用。

Java 中定义的受控异常如表 8-1 所示。

表 8-1　受控异常

| 异　常 | 说　明 |
| --- | --- |
| ClassNotFoundException | 找不到类 |
| CloneNotSupportedException | 克隆一个不能被克隆的对象 |
| IllegalAccessException | 对类的访问被拒绝 |
| InstantiationException | 实例化抽象类或接口的对象 |
| InterruptedException | 一个线程被另一个线程中断 |
| NoSuchFieldException | 请求的字段不存在 |
| NoSuchMethodException | 调用的方法不存在 |

Java 中定义的不受控异常如表 8-2 所示。

表 8-2　不受控异常

| 异　常 | 说　明 |
| --- | --- |
| ArithmeticException | 算术异常 |
| ArrayIndexOutOfBoundsException | 数组下标越界 |
| ArrayStoreException | 数组元素赋值类型不兼容 |
| ClassCastException | 非法强制转换类型 |
| IllegalArgumentException | 非法调用方法的参数 |
| IllegalMonitorStateException | 非法监控操作 |
| IllegalStateException | 非法的应用状态 |

续表

| 异　常 | 说　明 |
| --- | --- |
| IllegalThreadStateException | 请求与当前线程状态不兼容 |
| IndexOutOfBoundsException | 索引越界 |
| NullPointerException | 空引用 |
| NumberFormatException | 非法数值格式转换 |
| SecurityException | 有违安全性 |
| StringIndexOutOfBounds | 字符串索引越界 |
| UnsupportedOperationException | 不支持的操作 |

如果程序产生不受控异常，则通常表明程序的设计或实现出现问题。在程序运行正常时，不会抛出不受控异常，例如，在本任务的第 1 个案例中，当除数不为 0 时，程序可以正常运行，不会抛出异常。如果对这种异常不做处理，则可能会导致运行时异常。因此，虽然编译器没有强制要求捕获或声明不受控异常，但是出于程序健壮性的考虑，应当在程序中对这种可能发生的异常提供处理代码，例如，在接收输入的除数后，判断除数是否为 0，如果为 0，则输出错误提示，并要求重新输入。

## 四、Exception 类的常用方法

Exception 类的常用方法如表 8-3 所示。

表 8-3　Exception 类的常用方法

| 方　法 | 描　述 |
| --- | --- |
| Exception() | 默认构造方法 |
| Exception(String msg) | 构造方法，参数 msg 是对异常的描述 |
| Exception(Throwable cause) | 构造方法，参数 cause 是出错原因 |
| Exception(String msg, Throwable cause) | 构造方法 |
| String getMessage() | 以字符串形式返回对异常的描述 |
| String toString() | 返回一个包含异常类名和异常描述的字符串 |
| Void printStackTrace() | 输出当前异常对象的堆栈使用轨迹 |

从表 8-3 中可以看出，Exception 类提供了 4 种构造方法。

使用第 2 种构造方法可以将异常对应的错误描述作为字符串参数传入构造方法中。使用 Exception 对象的 getMessage()方法可以获取该信息。

使用第 3 种构造方法可以使用参数 cause 保存出错原因，以便后续操作中使用 Throwable.getCause()方法重获出错原因。

# 任务二　捕获和处理异常

## 任务引入

Java 提供了异常处理机制，但是小白不知道应该如何利用这种机制捕获程序中可能出现的异常。如果我们知道一段程序在某些情况下肯定会产生异常，例如，输入的除数为 0，

那么应该如何捕获并抛出这种异常呢？此外，Java 中定义的异常有限，但是有些程序会有一些特有的异常，例如，用户在注册时输入的年龄数值是负数显然是不合理的，这种异常应该如何处理呢？

## 知识准备

### 一、捕获异常

一个健壮的程序必须能够处理各种各样的错误。Java 使用 try-catch-finally 结构捕获程序中的异常，把可能发生异常的代码放到 try{}中，然后使用 catch 子句捕获对应的 Exception 类及其子类。完整的语法格式如下：

```
try{
    //需要监视异常的代码块
}
catch (异常类型 1 异常的变量名 1){
    //处理异常的代码块 1
}
catch (异常类型 2 异常的变量名 2){
    //处理异常的代码块 2
}
……
finally {
    //最终执行的代码块
}
```

其中，try 代码块中包含可能抛出异常的代码，表示捕获并处理异常的范围。catch 子句有一个用于声明可捕获异常的类型的 Throwable 类型的参数，如果在运行时，try 代码块中发生异常，则匹配 catch 子句中的异常类型，执行对应的异常处理代码块。如果没有发生异常，则跳过 catch 子句及对应的代码块，不执行其中的语句。

语法格式中的 finally 子句是异常处理的出口，无论程序是否发生了异常，该子句中的代码都会被执行。该子句可以对程序的状态进行统一的管理，通常用于进行清理资源和关闭对象等操作。如果没有必要，则 finally 子句可以被省略。

注意：异常捕获的语法格式是一个完整的结构，try、catch 和 finally 三个子句都不能被单独使用，但可以被组合为 try-catch-finally、try-catch 或 try-finally 结构使用。其中，catch 子句可以有一个或多个，但 finally 子句最多只能有一个。

#### 案例——捕获编译异常

本案例要求在 Console 窗格中输入一个日期格式，如果与指定的格式不符，则捕获该异常。

（1）新建一个 Java 项目 CatchException，在项目中添加一个名称为 CatchException 的类。

（2）引入包，在 CatchException 类中添加 main()方法，编写实现代码。具体代码如下：

```
package ch08;
//引入包
import java.text.DateFormat;
import java.text.ParseException;
import java.text.SimpleDateFormat;
import java.util.Scanner;
public class CatchException {
    public static void main(String[] args) {
        //创建扫描器
        Scanner sc = new Scanner(System.in);
        //获取输入的时间
        System.out.print("请输入预约时间（HH:mm:ss）: ");
        String date = sc.next();
        //设置时间格式
        String format = "HH:mm:ss";
        String[] arr = date.split(":");
        if (date.length() == format.length() && arr[0].length() == 2
&& arr[1].length() == 2 && arr[2].length() == 2) {
            //创建指定格式的 formatter
            DateFormat formatter = new SimpleDateFormat(format);
            //将可能抛出异常的语句放入 try 子句中
            try {
                //利用指定的格式解析 date 对象
                formatter.parse(date);
            }
            //捕获编译异常 ParseException，若不解决，则无法运行
            catch (ParseException e) {
                System.out.println("时间格式不匹配！");
                return;
            }
            finally {
                //清理资源，关闭扫描器
                sc.close();
            }
            System.out.println("输入的时间格式正确");
        }
        else {
            System.out.println("输入的时间格式不正确");
        }
    }
}
```

上面的代码可以在解析时间格式时捕获 ParseException 异常，这是编译异常，如果不

进行捕获，则程序无法通过编译。

（3）运行程序，在 Console 窗格中根据提示输入时间，按 Enter 键，即可查看输出结果，如图 8-3 或图 8-4 所示。

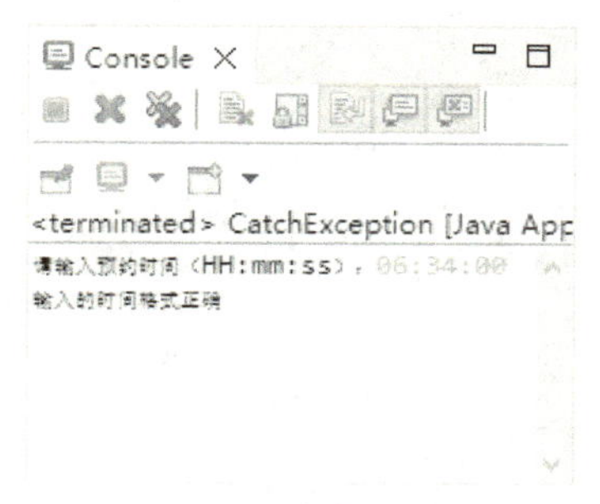

图 8-3　输出结果 1

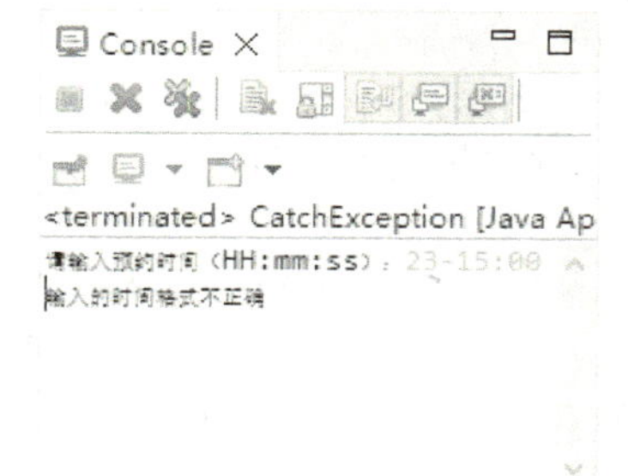

图 8-4　输出结果 2

## 二、抛出异常

如果某异常是在程序中的某个方法中产生的，但是我们不希望在当前方法中处理这个异常，则可以借助 throws 和 throw 语句抛出这个异常类的对象。

throws 语句用在方法声明后面，可以声明一个方法中可能抛出的各种异常，提醒调用代码对这些异常进行处理，常用于抛出方法体内未捕获的异常，语法格式如下：

```
返回值类型 方法名（参数表） throws 异常类型名 {
    //方法体，抛出异常
}
```

如果方法中抛出多个异常，则使用逗号分隔异常类型名。

throw 语句用在方法体内，不仅可以抛出 Exception 类中的子类异常，还可以抛出自定义异常，并由方法体内的语句处理。语法格式如下：

```
throw new 异常类型名（异常信息）
```

注意：如果在某个方法声明中使用 throws 语句抛出异常，则表示该方法可能会抛出异常。如果使用 throw 语句抛出异常，则会显式地抛出一个异常对象，明确地表示这里抛出了一个异常。

## 案例——对整数除法程序进行异常处理

本案例首先编写了一个进行整数除法运算的方法，然后使用 throw 语句在方法中抛出异常，在主方法中捕获并处理异常。

（1）新建一个 Java 项目 DivideException，在项目中添加一个名称为 DivideException 的类。

（2）引入包，在 DivideException 类中添加 main()方法，并自定义一个进行除法运算的 div()方法。具体代码如下：

```
//引入包，用于处理输入类型不匹配的异常
import java.util.InputMismatchException;
```

```
//引入包，用于扫描 Console 窗格中的输入
import java.util.Scanner;
public class DivideException {
    public static void main(String[] args) {
    //创建扫描器
    Scanner sc = new Scanner(System.in);
    //把可能产生异常的代码放入 try 子句中
    try {
    //输入进行除法运算的被除数和除数
    System.out.print("请输入一个整数作为被除数：");
    int dividend = sc.nextInt();
    System.out.print("请输入一个整数作为除数：");
    int divisor = sc.nextInt();
    //执行除法运算并输出结果
    System.out.println(dividend+"/"+divisor+"\0=\0"+div(dividend,divisor));
    }
    //捕获算术异常
    catch (ArithmeticException e) {
        System.out.println("出现算术异常："+e.getMessage());
    }
    //捕获输入数据格式不匹配异常
    catch (InputMismatchException e) {
        System.out.println("输入的数据格式有误");
    }
    //关闭扫描器
    finally {
        sc.close();
        System.out.println("执行 finally 子句，关闭扫描器");
    }
    }

    //定义除法运算的方法，抛出算术异常
    public static double div(int a,int b) throws ArithmeticException {
        //除数为 0 时抛出异常
        if (b==0) {
            throw new ArithmeticException("除数不能为 0");
        }
        //返回除法运算结果
        return a/b;

    }
}
```

（3）运行程序，在 Console 窗格中根据提示输入被除数和除数，按 Enter 键，即可输出

运行结果。

如果输入的被除数和除数都是整数，且除数不为 0，则程序运行成功，输出计算结果，如图 8-5 所示。

如果输入的被除数和除数都是整数，但除数为 0，则抛出算术异常，如图 8-6 所示。

如果输入的被除数或除数不是整数，则抛出数据格式不匹配异常，如图 8-7 所示。

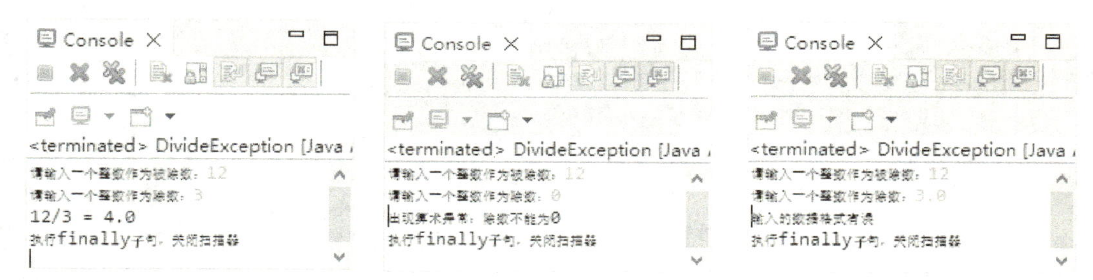


图 8-5　运行成功　　图 8-6　抛出算术异常　　图 8-7　抛出数据格式不匹配异常

从图 8-5～图 8-7 中可以看到，无论程序是否产生异常，都会执行 finally 子句。即使产生了异常，程序也不会无法运行，而是会显示用户友好界面，输出错误提示信息。

## 三、自定义异常类和对象

虽然 JDK 提供了丰富的异常类，但是在实际应用中，并不能满足所有的异常处理需求。在这种情况下，用户可以根据程序的逻辑自定义异常类和对象，以捕获和处理程序特有的运行错误。

如果要自定义编译期异常类，可以从 Exception 类派生，通过继承的方式创建，具体的语法格式如下：

```
修饰符 class 自定义异常类名 extends Exception{
    //类体
}
```

如果要自定义运行期异常类，可以从 RuntimeException 类派生，具体的语法格式如下：

```
修饰符 class 自定义异常类名 extends RuntimeException{
    //类体
}
```

与其他类相同，类体中包括成员变量、构造方法和成员方法。自定义异常类的构造方法一般用于指定该异常的描述消息，例如：

```
public class TelException extends Exception {
    public TelException(String message) {
        //指定异常的描述消息
        super("电话号码位数不对，应为 11 位");
    }
}
```

这些消息可以通过调用 getMessage()方法得到，返回值的类型为 String。

## 案例——限制注册用户年龄

本案例自定义一个异常类 AgeException，用于限制注册用户的年龄。

（1）新建一个 Java 项目 CustomRegister，在项目中添加一个名称为 AgeException 的自定义异常类，代码如下：

```
package ch08;
//自定义异常类 AgeException 继承自 Exception 类
public class AgeException extends Exception {
    public AgeException(String message) {
        //指定异常的描述消息
        super("年龄不能小于 18 岁，大于 60 岁");
    }
}
```

（2）先添加一个名称为 CustomRegister 的类，在类中定义成员变量和成员方法，然后添加 main()方法，初始化用户信息并捕获异常。具体代码如下：

```
package ch08;

public class CustomRegister {
    //定义成员变量
    private String name;
    private int age;
    private String tel;
    //定义 setter 方法，设置用户姓名
    public void setName(String name) {
        this.name = name;
    }
    //定义 setter 方法，设置用户年龄
    public void setAge(int age) throws AgeException {
        if (age<18 || age>60) {
            //年龄不在指定范围内，抛出异常
            throw new AgeException("年龄不合法，必须大于 18 岁、小于 60 岁才能注册");
        }
        //初始化 age 属性
        this.age = age;

    }
    //定义 setter 方法，设置用户电话
    public void setTel(String tel) {
        this.tel = tel;
    }
    //定义主方法
    public static void main(String[] args) {
        //可能发生异常的代码
```

```
        try {
            System.out.println("初始化客户信息：");
            CustomRegister custom_1 = new CustomRegister();
            custom_1.setName("Tommy");
            custom_1.setAge(16);
            custom_1.setTel("12345678900");
        }
        //捕获异常
        catch(AgeException ae) {
            System.out.println("程序发生异常："+ae.getMessage());
        }
    }
}
```

（3）运行程序，由于本例设置的用户年龄为 16 岁，不在指定的年龄范围内，因此，在 Console 窗格中可以看到捕获的异常及异常的描述消息，如图 8-8 所示。

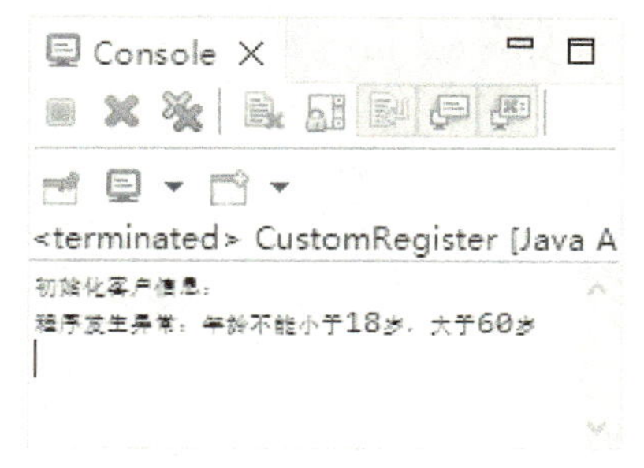


图 8-8　输出结果

## 案例——限购葡萄

为了增加某种新品葡萄的销售量，某超市决定推出尝鲜价 17.98 元/kg，由于活动商品数量有限，因此限制每个顾客最多只能按此价格购买 1kg，超出部分按市场价 33.6 元/kg 计算。本案例利用异常捕获语句实现限购功能。

（1）新建一个 Java 项目 PurchaseLimits，在项目中添加一个名称为 OverloadException 的自定义异常类，代码如下：

```
public class OverloadException extends Exception {
    //定义有参构造方法
    public OverloadException(double weight) {
        //在出现异常时，Console 窗格中输出的信息
        System.out.println("葡萄质量为" + weight + "kg，超过 1kg 了！超出部分按市场
价计算。");
    }
}
```

（2）先添加一个名称为 PurchaseLimits 的类，在类中定义成员变量和成员方法，然后添加 main()方法，初始化用户信息并捕获异常。具体代码如下：

```
//引入包
import java.util.Scanner;
public class PurchaseLimits {
    //定义促销价 special 与市场价 price
    static double special = 17.98;
    static double price = 33.6;
    //定义静态方法 pay()，根据质量计算应付款，并在计算时捕获异常
    public static void pay(double weight) throws OverloadException {
        //定义应付款
        float money;
        //判断质量是否超出限购质量
        if (weight > 1.0) {
            //超出 1kg，计算应付款并输出
            money = (float)(special+(weight-1)*price);
            System.out.println("应付款：" + money + "元");
            //抛出异常
            throw new OverloadException(weight);
        }
        //没有超出限购质量，计算应付款并输出
        money = (float) (weight * special);
        System.out.println("应付款：" + money + "元");
    }
    //定义主方法
    public static void main(String[] args) {
        //输出促销信息
        System.out.println("新品葡萄尝鲜价：" + special + "元/kg。限购1kg！");
        System.out.println("新品葡萄市场价：" + price + "元/kg。");
        System.out.println("----------------------------------------");
        System.out.print("请输入葡萄的质量(kg)：");
        //从 Console 窗格中获取输入的质量数据
        Scanner sc = new Scanner(System.in);
        double weight = sc.nextDouble();
        //try 子句
        try {
            //调用 pay()方法，根据参数 weight 计算应付款
            pay(weight);
        }
        //捕获异常
        catch (OverloadException ole) {

        }
        finally {
            //清理资源，关闭扫描器
            sc.close();
```

```
        }
    }
}
```

在上面的代码中，由于在自定义异常类 OverloadException 的构造方法中设置了参数，在 Console 窗格中会输出描述异常的消息，因此 catch 子句的异常处理代码块为空，不必重新输出异常消息。

（3）运行程序，在 Console 窗格中根据提示输入质量，如果输入的质量小于或等于 1，则直接输出应付款，如图 8-9 所示。如果输入的质量大于 1，则除了输出应付款，还输出异常消息，提示顾客购买的质量超出了限购范围，如图 8-10 所示。

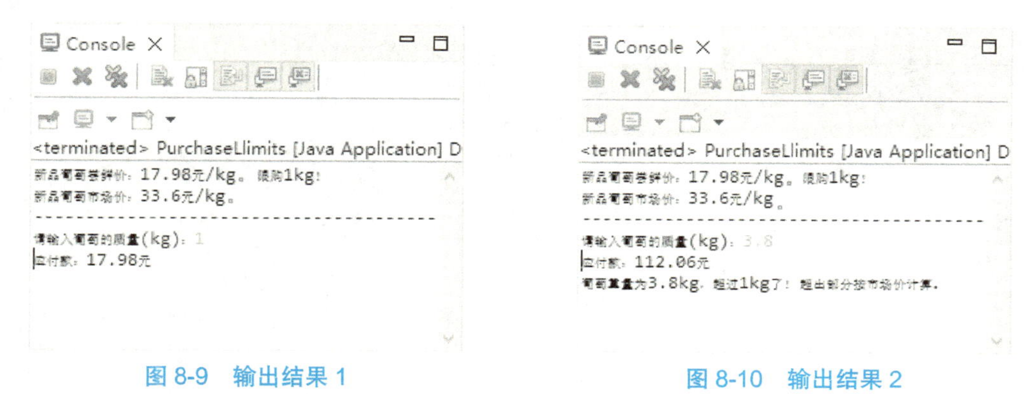


图 8-9　输出结果 1　　　　图 8-10　输出结果 2

## 项目总结

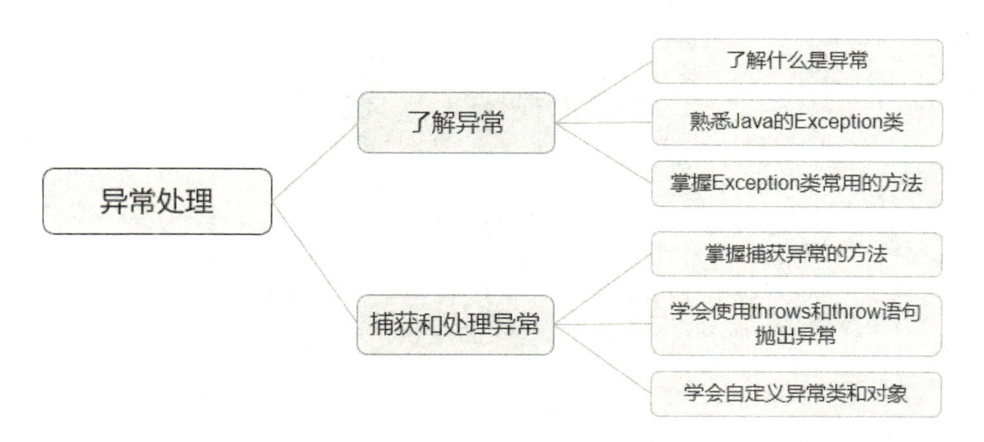


本项目简要介绍了 Java 中异常的概念、内置的异常类，以及捕获和处理异常的方法。其中，异常的使用原则、使用 throws 与 throw 语句抛出异常的区别是本项目的学习难点。通过本项目的学习，读者应了解 Exception 类的常用方法，掌握异常处理的方法，以及创建、捕获并处理自定义异常的方法。

# 项目实战

## 实战一：模拟在 ATM 机上取款

在ATM机上取款时，只能取整数金额。假设Mark的某张银行卡的账户余额还有1203.68元，他想一次性取出所有余额并注销账户。本实战模拟在ATM机上取款，在Console窗格中输入取款金额，产生数字格式转换异常。

（1）新建一个Java项目BankAccount，在项目中添加一个名称为BankAccount的类。

（2）引入包，在BankAccount类中添加main()方法，编写实现代码。具体代码如下：

```
package ch08;
import java.util.InputMismatchException;
import java.util.Scanner;

public class BankAccount {
    public static void main(String[] args) {
        //初始化账户余额并输出
        double leftMoney = 1203.68;
        System.out.println("您的账户余额为："+leftMoney + "元");
        //创建扫描器
        Scanner sc = new Scanner(System.in);
        System.out.println("请输入取款金额：");
        //将可能产生异常的语句放入 try 子句中
        try {
            //获取要提取的金额
            int drawMoney = sc.nextInt();
            //计算提取后的余额
            double result = leftMoney - drawMoney;
            //判断提取的金额是否小于账户余额
            if(result >= 0) {
                //输出余额
                System.out.println("您账户上的余额：" + (float)result + "元");
            } else {
                //取款金额超出账户余额，输出提示信息
                System.out.println("您账户上的余额不足！");
            }
        }
        //输入的数据格式不是 int 类型，捕获异常，输出异常消息
        catch (InputMismatchException e) {
            System.out.println("输入的取款金额不是整数！");
        }
        //清理资源，关闭扫描器
        finally {
            sc.close();
```

```
            }
        }
}
```

（3）运行程序，在 Console 窗格中输入取款金额。如果输入的取款金额不是整数，则产生异常，输出异常消息，如图 8-11 所示。如果输入的取款金额是大于账户余额的整数，则输出错误提示信息，如图 8-12 所示。如果输入的取款金额是小于账户余额的整数，则输出取款后的账户余额，如图 8-13 所示。

图 8-11　输出结果 1

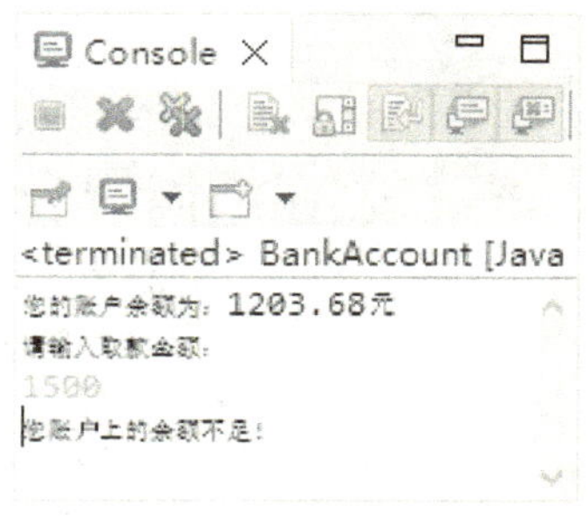


图 8-12　输出结果 2

图 8-13　输出结果 3

## 实战二：查询商品名称

本实战在 Console 窗格中输入要显示的商品名称的数量，捕获数组元素下标越界异常对象。

（1）新建一个 Java 项目 ProductList，在项目中添加一个名称为 ProductList 的类。

（2）引入包，在 ProductList 类中添加 main()方法，编写实现代码。具体代码如下：

```
package ch08;
import java.util.Scanner;

public class ProductList {
    public static void main(String args[]) {
        //定义一个 String 类型的数组，用于存放商品名称
        String product[] = {"handbag", "hat", "skirt", "Tshirt","socket" };
        System.out.println("输入要显示的商品名称的数量：");
        //创建扫描器
```

```
        Scanner sc = new Scanner(System.in);
        //获取要输出的商品名称的数量
        int num = sc.nextInt();
        //遍历数组，输出商品名称
        for (int i = 0; i < num; i++) {
            try {
                System.out.println("第" + (i+1) + "种: " + product[i] );
            }
            //捕获数组元素下标越界异常对象
            catch (ArrayIndexOutOfBoundsException e) {
                //输出异常消息
                System.out.println("商品列表中共有"+product.length+"种商品。\n" +
"第"+(i+1) + "种商品不存在，引起"+e.toString().substring(10, e.toString().
indexOf(':')) + "异常，\n该异常为数组越界异常，主要是由于索引超出了数组的长度范围引起的");
                //Console窗格中的输出
            }
            finally {
                //关闭扫描器
                sc.close();
            }
        }
    }
}
```

（3）运行程序，输出结果如图 8-14 或图 8-15 所示。

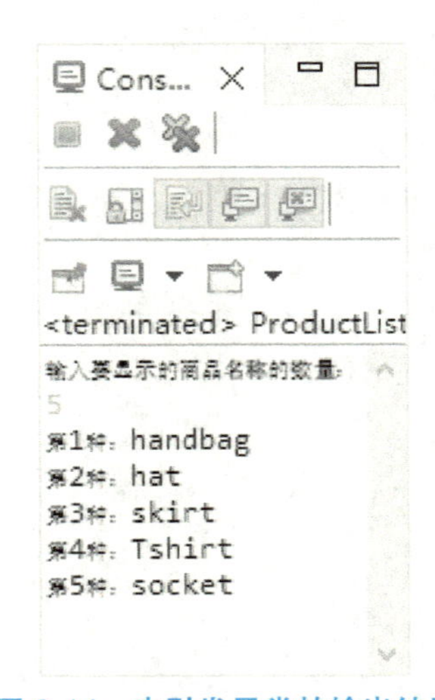

图 8-14　未引发异常的输出结果

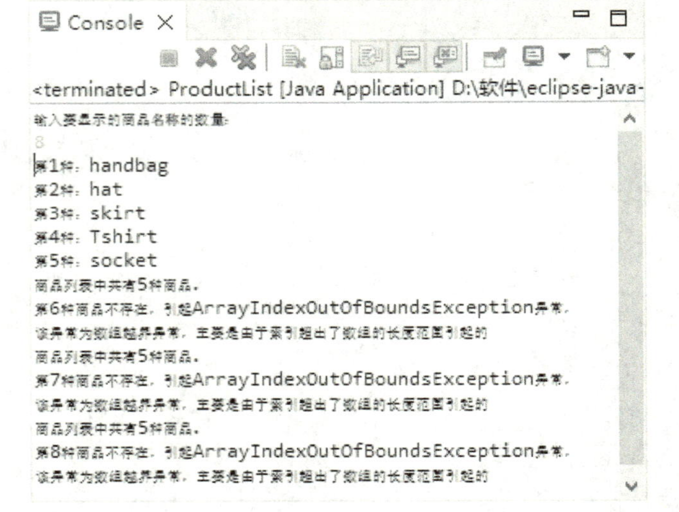

图 8-15　引发异常的输出结果

# 习　　题

1．编写程序，模拟一个简单的整数计算器，计算通过 Console 窗格输入的两个数。在程序中使用 try-catch 结构捕获在 Console 窗格中输入的数值不是整数的异常。

2．在 Console 窗格中输入某种商品的库存量和出库量，当库存不足时，使用 throws 语句抛出异常。

3．以 www.和.com 为依据，判断用户在 Console 窗格中输入的网址是否合法，如果不合法，则抛出异常。

# 项目九　常用的 Java API

## 思政目标

- 充分发挥主观能动性，积极探索，培养善于钻研的精神。
- 树立正确的职业观，不断更新所学知识，培养持之以恒的学习态度。

## 技能目标

- 了解常用 Java API 的声明与使用方法。
- 能够在 Eclipse 中创建包。
- 能够使用常用的 API 实现具体功能。

## 项目导读

为了方便用户开发 Java 程序，Java 提供了许多由开发人员或软件供应商编写好的 Java 程序模块，并且每个模块都是一个对应特定功能的类。根据实现的功能不同，这些类可以被划分为不同的包，而这些包被合称为类库。用户可以直接使用这些预定义的类开发程序，因此，学习类库的使用是提高编程效率的必由之路。

## 任务一　认识 Java API

### 任务引入

小白在学习网友分享的 Java 程序代码时，发现很多程序都是以关键字 package 和 import 引导的语句开头的。这些语句是什么意思呢？其后引导的标识符代表什么，有什么功能呢？我们在网上经常看到的 Java API 又是什么呢？

## 知识准备

### 一、什么是 Java API

Java API（Java Application Program Interface，Java 应用程序编程接口）是系统提供的已经实现的 Java 标准类库的统称。

Java 类库也称运行时库，是 Java 的重要组成部分，提供了 Java 程序与运行它的 Java 虚拟机之间的接口。

### 二、常用的包

根据实现的功能不同，Java 提供的预定义类可以被划分为不同的集合，并且每个集合都是一个包，而这些包被合称为类库。

在前面的学习中，有些案例已经用到了包。例如，下面的代码引入了 java.util 包中的 Scanner 类，用于扫描 Console 窗格中的输入：

```
import java.util.Scanner;
```

在 Java 中，包（package）是相关类和接口的一个集合，是一种管理和组织类的机制。

包不仅可以分门别类地组织各种类，减少类的名称和冲突问题，还有助于进行访问权限控制。

下面简要介绍 Java 的一些基本包。

- java.lang：这是 Java 的核心语言包，包含运行 Java 程序时不可或缺的系统类，如 System 类、String 类、Exception 类。由于 JVM 会自动引入这个包，因此不需要引入就可以直接使用该包中的类。
- java.util：该包提供了一些实用工具类，如时间类 Date、随机数类 Random 和集合类 Collection 等。
- java.io：该包提供了各种输入流类和输出流类，包含实现 Java 程序与操作系统、用户界面及其他 Java 程序进行数据交换的类。
- java.awt：这是一个抽象窗口工具集包，包含用于构建 GUI（图形用户界面）程序的基本类和绘图类。
- java.awt.event：该包包含用户与界面交互的事件类、监听器接口等，使程序可以用不同的方式处理不同类型的事件。
- java.sql：这是一个实现 JDBC（Java Database Connection）的包，支持 Java 程序访问不同种类的数据库的功能。
- java.net：该包是 Java 实现网络功能的类库，如 Socket 类、URL 类等。利用这些类，开发者可以编写具有网络功能的程序。
- javax.swing：该包提供了一组完全由 Java 实现的图形用户界面组件，并尽可能地让这些组件在所有平台上的工作方式都相同。

由于篇幅有限，本节只列出了几个常用的包。有兴趣的读者可以在 Oracle 官网上查看 Java API 的文档，了解各种包的用途和用法，如图 9-1 所示。

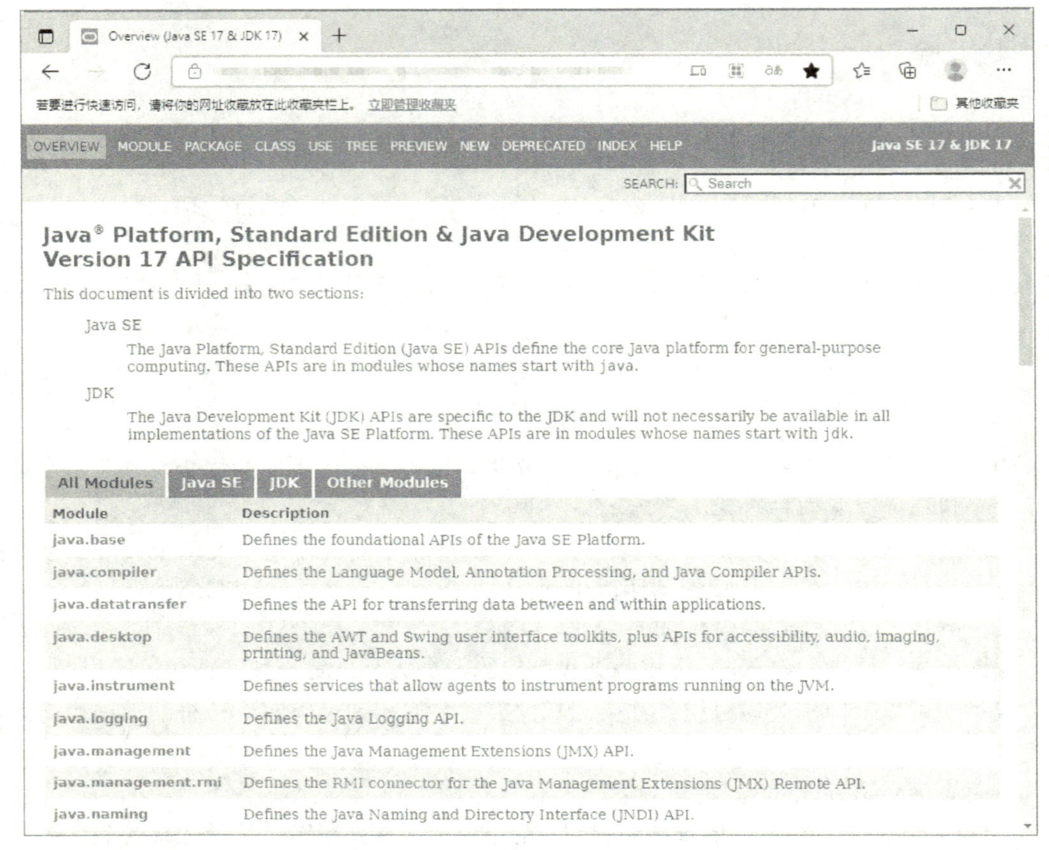

图 9-1　查看 Java API 的文档

## 三、包的声明与引入

在声明包时，可以将 Java 的类放到特定的包中。Java 使用 package 关键字声明包，语法格式如下：

```
package 包名;
```

Java 包的命名规则是全部使用小写字母，并且不能包含特殊字符。

注意：包声明语句必须出现在 Java 源文件的第 1 行（忽略注释行），且一个 Java 源文件只能包含一个包声明语句。如果 Java 源文件中包含了多个类或接口的定义，则这些类和接口都将位于声明的这个包中。

例如，下面的语句声明了 ch03 包，同时 OddEven 类被置于名称为 ch03 的包中：

```
package ch03;
public class OddEven {
    //类体
}
```

在 Eclipse 的 Package Explorer 窗格中可以看到对应的文档结构关系，即包与类的关系，如图 9-2 所示。

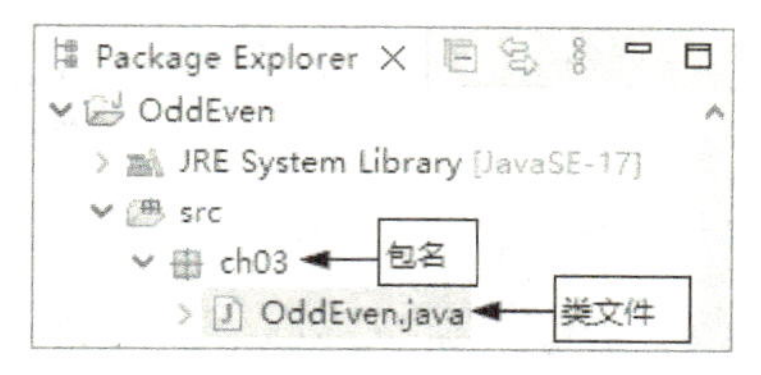


图 9-2　包与类的关系

包的表示法以圆点作为分隔符，并且包的结构在操作系统中被映射为目录结构，因此，OddEven 类的完整名称为 ch03.OddEven。

如果 Java 文件中没有包声明语句，则表示这个文件中的类位于默认包中，默认包没有名称。在实际开发中，建议为所有类设置包名，这是一个良好的编程习惯。

位于同一个包中的类可以互相访问。如果一个类要访问其他包（java.lang 包除外）中的类，则应当先引入需要访问的类。Java 使用 import 关键字引入类，语法格式如下：

```
import 完整类名;
```

注意：包引入语句要位于包声明语句之后，类或接口的定义语句之前。类名必须使用包表示法包含完整的类名。

如果要使用一个包中的多个类，则可以在包名后面使用通配符*。例如，下面的语句表示当前程序中可以使用 ch07.demo 包中的所有类：

```
import ch07.demo.*;
```

## 案例——利用 Eclipse 创建包

本案例在 Eclipse 中创建了一个包，并在包中创建了一个类。

（1）新建一个 Java 项目 PackageDemo，右击项目中的 src 节点，在弹出的快捷菜单中选择 New→Package 命令，打开 New Java Package 对话框。Source folder 文本框中会显示默认的源文件路径。

（2）在 Name 文本框中输入包的名称，如图 9-3 所示。

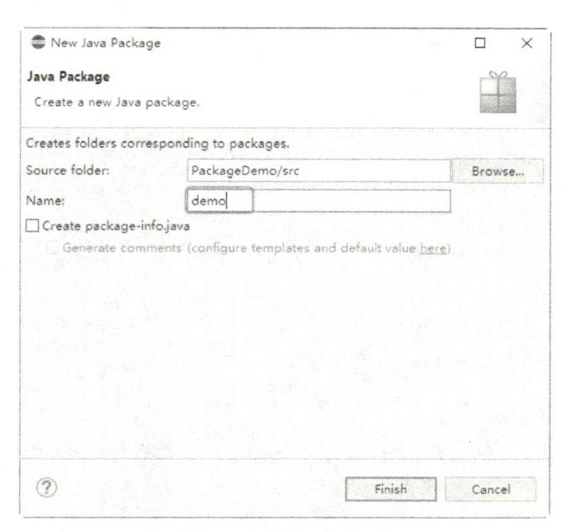


图 9-3　输入包名称

在 Java 中，包名应当尽量与文件系统结构相对应，例如，包名为 demo.try，则该包中的类会被保存到 demo\try\目录下。

（3）单击 Finish 按钮关闭对话框，即可创建包。此时，打开 Eclipse 的 Package Explorer 窗格，在项目中的 src 节点下可以看到创建的包，如图 9-4 所示。

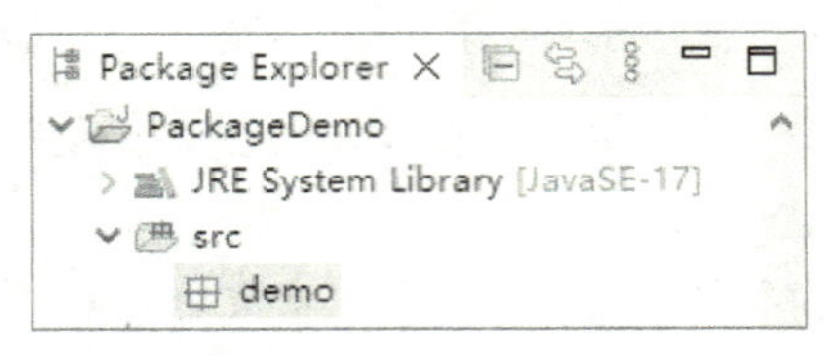


图 9-4　查看创建的包

从图 9-4 中可以看到，此时的 demo 包中还没有任何类。接下来在包中创建类。

（4）右击 demo 包，在弹出的快捷菜单中选择 New→Class 命令，打开 New Java Class 对话框。Package 文本框中已经自动填充了包的名称 demo，我们只需要在 Name 文本框中输入类的名称 Test，如图 9-5 所示。

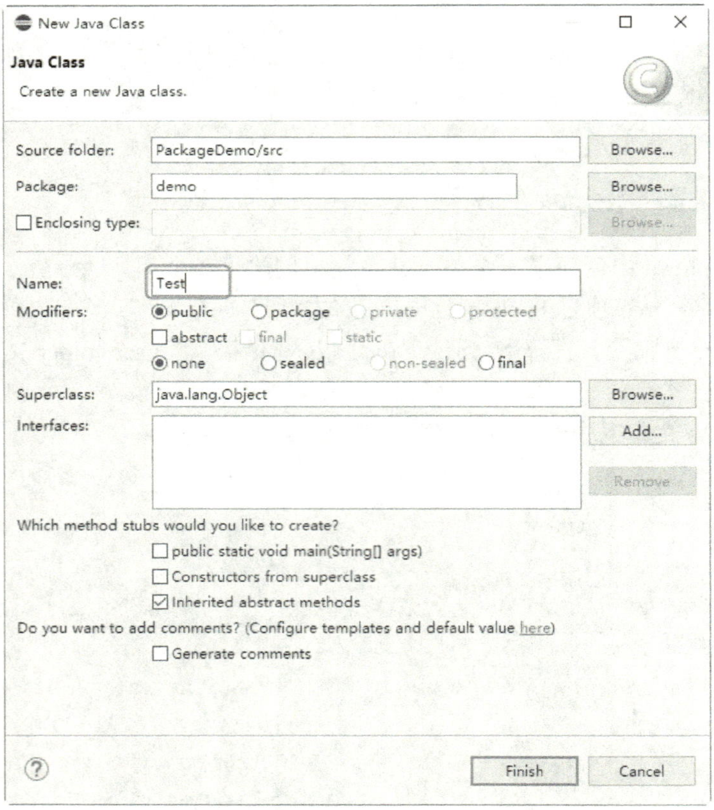

图 9-5　创建类

（5）单击 Finish 按钮，关闭对话框，在 Eclipse 的编辑区可以看到自动生成的包声明语句和类定义代码：

```
package demo;
```

```
public class Test {

}
```

在 Eclipse 的 Package Explorer 窗格中，展开项目中的 src 节点，可以看到创建的包，以及包节点下的类，如图 9-6 所示。

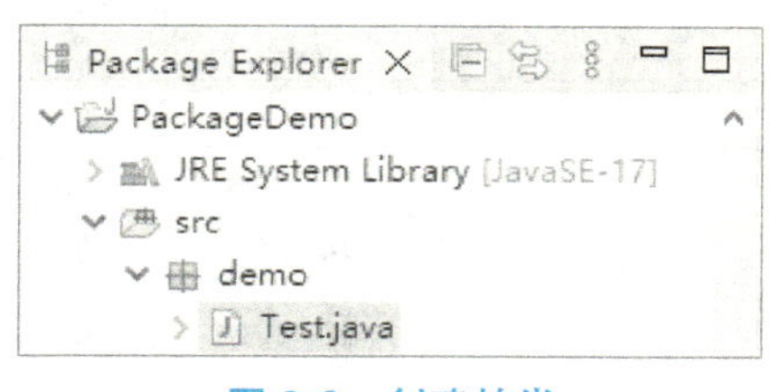


图 9-6　创建的类

# 任务二　常用类库

## 任务引入

了解了 Java API 的功能后，小白感觉就像发现了一个巨大的宝库——原来很多需要编写大段代码才能实现的基本功能，Java 已经编写好并预置在系统中了。要使用 API 提高编码效率，首要的任务就是掌握这些类库的常用方法。小白跃跃欲试，决定先从最常用的几个类库开始 Java 学习的"晋级之路"。

## 知识准备

前文讲解了 API 的功能和使用方法，本任务介绍几个常用的类库。

### 一、包装类

在前面的项目中介绍过，Java 的数据类型分为两种：基本数据类型和引用数据类型。引用数据类型包括所有的类和接口类型。例如，可以将 String 类视为一个对象进行处理。那么，能否将基本数据类型也视为对象进行处理呢？

Java 使用包装类的概念将 Java 中的 8 个基本数据类型包装成相应的类，这样就可以把基本数据类型当作对象进行处理。Java 基本数据类型对应的包装类如表 9-1 所示。

表 9-1　Java 基本数据类型对应的包装类

| 基本数据类型 | 对应的包装类 | 基本数据类型 | 对应的包装类 |
|---|---|---|---|
| byte | java.lang.Byte | float | java.lang.Float |
| short | java.lang.Short | double | java.lang.Double |
| int | java.lang.Integer | char | java.lang.Character |
| long | java.lang.Long | boolean | java.lang.Boolean |

其中，Byte 类、Short 类、Integer 类、Long 类、Float 类和 Double 类都是 Number 类的

子类。要把这些子类对象转换为对应的基本数据类型，需要使用 Number 类对应子类中的方法，如表 9-2 所示。

表 9-2　Number 类对应子类中的方法

| 方　法 | 返回值类型 | 说　明 |
| --- | --- | --- |
| byteValue() | byte | 以 byte 类型返回指定的数值 |
| shortValue() | short | 以 short 类型返回指定的数值 |
| intValue() | int | 以 int 类型返回指定的数值 |
| longValue() | long | 以 long 类型返回指定的数值 |
| floatValue() | float | 以 float 类型返回指定的数值 |
| doubleValue() | double | 以 double 类型返回指定的数值 |

上述包装类的使用方法基本相同，下面以 Integer 类为例介绍包装类的构造方法。

与其他类相同，包装类也使用关键字 new 创建对象。Integer 类有以下两种构造方法：

```
//用一个 int 类型的变量作为参数实例化 Integer 对象
Integer 对象名 = new Integer (int 类型的变量);
//用一个 String 类型的变量作为参数实例化 Integer 对象
Integer 对象名 = new Integer (String 类型的变量);
```

例如，下面的代码使用两种构造方法创建 Integer 对象：

```
//定义一个 int 类型的变量 i
int i = 5;
//使用变量 i 作为参数创建 Integer 对象 num_1
Integer num_1 = new Integer (i);
//定义一个 String 类型的变量 s
String s = "1314";
//使用变量 s 作为参数创建 Integer 对象 num_2
Integer num_2 = new Integer (s);
```

注意：在使用 String 类型的变量创建 Integer 对象时，变量值必须是数值，如果包含字符，则会抛出异常。

创建对象后，就可以引用方法对对象进行操作。Integer 类的常用方法如表 9-3 所示。

表 9-3　Integer 类的常用方法

| 方　法 | 说　明 |
| --- | --- |
| byteValue() | 以 byte 类型返回当前的 Integer 对象 |
| shortValue() | 以 short 类型返回当前的 Integer 对象 |
| intValue() | 以 int 类型返回当前的 Integer 对象 |
| parseInt(String s) | 将指定的 String 变量 s 转换为等价的 int 值 |
| valueOf(String s) | 以 int 类型返回 String 变量 s 的值 |
| toString() | 以 String 类型返回 Integer 对象的值 |
| toBinaryString(int i) | 返回 int 类型的变量 i 的二进制无符号整数形式的字符串 |
| toOctalString(int i) | 返回 int 类型的变量 i 的八进制无符号整数形式的字符串 |

续表

| 方　法 | 说　明 |
| --- | --- |
| toHexString(int i) | 返回 int 类型的变量 i 的十六进制无符号整数形式的字符串 |
| equals(Object IntegerObj) | 以布尔值返回两个对象是否相等的结果 |
| compareTo(Integer num) | 对两个 Integer 对象进行数值比较，如果值相等，则返回 0。如果调用对象的数值小于 num 的值，则返回负值，否则返回正值 |

除了方法，Integer 类还提供了 4 个常量。

- MAX_VALUE：表示 int 类型的最大值，即 $2^{31}-1$。
- MIN_VALUE：表示 int 类型的最小值，即 $-2^{31}$。
- SIZE：以二进制形式表示 int 值的位数。
- TYPE：表示基本类型 int 的 Class 实例。

## 案例——进制转换

本案例要求在 Console 窗格中输入一个数值，并将其分别转换为二进制、八进制和十六进制形式。

（1）新建一个 Java 项目 IntegerDemo，在项目中添加一个名称为 IntegerTest 的类。

（2）引入 Scanner 类，在 IntegerTest 类中添加 main()方法，编写代码，实现数值的进制转换。具体代码如下：

```
import java.util.Scanner;
public class IntegerTest {
    public static void main(String[] args) {
        //创建扫描器
        Scanner sc = new Scanner(System.in);
        System.out.println("请输入一个数值：");
        //接收 Console 窗格中输入的字符串
        String s = sc.next();
        //将字符串类型转换为 int 类型
        int num = Integer.parseInt(s);
        System.out.println("转换后的 int 变量值为："+num);
        //输出 int 类型的取值范围
        System.out.println("int 类型的取值范围为：\0"+Integer.MIN_VALUE+
"\0~\0"+Integer.MAX_VALUE);
        //构造一个 Integer 对象
        Integer i = Integer.valueOf(s);
        //比较 int 变量与 Integer 对象的值是否相等
        System.out.println("int 变量与 Integer 对象的值是否相等："+i.equals(num));
        //转换为二进制形式并输出
        String str2 = Integer.toBinaryString(num);
        System.out.println(num+"的二进制表示形式为："+str2);
        //输出二进制形式的位数
        System.out.println("int 类型的二进制表示形式有\0"+Integer.SIZE+"\0 位");
```

```
        //转换为八进制形式并输出
        String str8 = Integer.toOctalString(num);
        System.out.println(num+"的八进制表示形式为："+str8);
        //转换为十六进制形式并输出
        String str16 = Integer.toHexString(num);
        System.out.println(num+"的十六进制表示形式为："+str16);
        //关闭扫描器
        sc.close();
    }
}
```

（3）运行程序，在 Console 窗格中输入一个数值，按 Enter 键，即可输出转换结果，如图 9-7 所示。

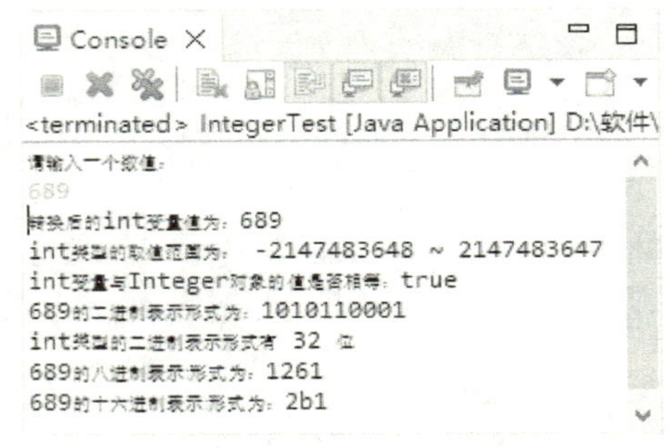


图 9-7　输出结果

## 二、数学运算类

为了便于进行一些复杂的数学运算，Java 提供了 Math 类。该类中包含若干个实现不同标准数学函数的方法。由于这些方法都是静态方法，因此可以直接使用类名调用，而不需要创建 Math 类的对象。语法格式如下：

```
Math.数学方法
```

Math 类中常用的方法如表 9-4 所示。

表 9-4　Math 类中常用的方法

| 方　法 | 说　明 |
|---|---|
| （1）指数函数方法 | |
| static double exp(double arg) | 返回 e 的 arg 次方，即 $e^{arg}$ |
| static double log(double arg) | 返回 arg 的自然对数值 |
| static double log10(double arg) | 返回底数为 10 的对数值 |
| static double pow(double y, double x) | 返回以 y 为底数，以 x 为指数的幂值，即 $y^x$ |
| static double sqrt(double arg) | 返回 arg 的平方根 |
| static double cbrt(double arg) | 返回 arg 的立方根 |
| （2）取最值和绝对值方法 | |
| static int max(int x, int y) | 返回 x 和 y 中的最大值 |

续表

| 方　法 | 说　明 |
| --- | --- |
| static double max(double x, double y) | 返回 x 和 y 中的最大值 |
| static int min(int x, int y) | 返回 x 和 y 中的最小值 |
| static long min(long x, long y) | 返回 x 和 y 中的最小值 |
| static float min(float x, float y) | 返回 x 和 y 中的最小值 |
| static double min(double x, double y) | 返回 x 和 y 中的最小值 |
| static int abs(int arg) | 返回 int 值 arg 的绝对值 |
| static long abs(long arg) | 返回 long 值 arg 的绝对值 |
| static float abs(float arg) | 返回 float 值 arg 的绝对值 |
| static double abs(double arg) | 返回 double 值 arg 的绝对值 |
| （3）取整方法 | |
| static int round(float arg) | 返回对 arg 只入不舍进行取整的 int 值 |
| static long round(double arg) | 返回对 arg 只入不舍进行取整的 long 值 |
| static double ceil(double arg) | 返回大于或等于 arg 的最小整数 |
| static double floor(double arg) | 返回小于或等于 arg 的最大整数 |
| Static double rint(double arg) | 返回与 arg 最接近的整数，如果两个数值同为整数且同样接近，则取偶数 |
| （4）三角函数方法 | |
| static double sin(double arg) | 计算角度为 arg 的正弦值，返回值以弧度为单位 |
| static double cos(double arg) | 计算角度为 arg 的余弦值，返回值以弧度为单位 |
| static double tan(double arg) | 计算角度为 arg 的正切值，返回值以弧度为单位 |
| static double asin(double arg) | 返回正弦值为 arg 的角度 |
| static double acos(double arg) | 返回余弦值为 arg 的角度 |

除了丰富的数学方法，Math 类还提供了两个静态常量：表示自然对数底数的 E 和表示圆周率的 PI。这两个常量可以直接通过 Math.E 和 Math.PI 进行调用。例如，下面的代码可以直接输出自然对数底数 e 和圆周率的值：

```
System.out.println("自然对数底数 e 的值为："+ Math.E);
System.out.println("圆周率的值为："+ Math.PI);
```

输出结果如下：

```
自然对数底数 e 的值为：2.718281828459045
圆周率的值为：3.141592653589793
```

## 案例——计算两地的直线距离

已知两个城市在地图上相对坐标原点的坐标，单位为 cm。本案例利用 Math 类中常用的方法计算这两个城市在地图上的直线距离。

（1）新建一个 Java 项目 Distance，在项目中添加一个名称为 Distance 的类。

（2）引入 Scanner 类，在 Distance 类中添加 main()方法，编写代码，计算两地的直线距离。具体代码如下：

```
//引入包
import java.util.Scanner;
public class Distance {
```

```
    public static void main(String[] args) {
        //创建扫描器
        Scanner sc = new Scanner(System.in);
        System.out.println("请输入第 1 个城市的坐标，使用逗号分隔：");
        //接收 Console 窗格中输入的字符串
        String s1 = sc.next();
        //以逗号为分隔符，将字符串转换为字符串数组
        String[] addr_1= s1.split(",");
        //提取数组元素，调用 Double 类的方法将其转换为 double 类型
        //设置为第 1 个城市的横/纵坐标
        Double city_1X = Double.parseDouble(addr_1[0]);
        Double city_1Y = Double.parseDouble(addr_1[1]);
        System.out.println("请输入第 2 个城市的坐标，使用逗号分隔：");
        //接收 Console 窗格中输入的字符串
        String s2 = sc.next();
        //以逗号为分隔符，将字符串转换为字符串数组
        String[] addr_2= s2.split(",");
        //提取数组元素，调用 Double 类的方法将其转换为 double 类型
        //设置为第 2 个城市的横/纵坐标
        Double city_2X = Double.parseDouble(addr_2[0]);
        Double city_2Y = Double.parseDouble(addr_2[1]);
        //计算三角形两条边的长度
        double dX = city_2X - city_1X;
        double dY = city_2Y - city_1Y;
        //利用勾股定理计算第 3 条边的长度，也就是两个城市的直线距离
        double pow = Math.pow(dX, 2) + Math.pow(dY, 2);
        double distance = Math.sqrt(pow);
        //输出计算结果
        System.out.println("这两个城市的直线距离为" + String.format("%.2f",
distance) + "cm。");
        //关闭扫描器
        sc.close();
    }
}
```

上面的代码在输出计算结果时，调用了 String 类的 format()方法创建格式化的字符串。第 1 个参数"%.2f"是格式化说明，表示将数值转换为浮点类型，保留两位小数。

（3）运行程序，在 Console 窗格中根据提示输入第 1 个城市的坐标，横/纵坐标使用逗号分隔，按 Enter 键输入第 2 个城市的坐标。输入完成后，按 Enter 键，即可输出两个城市的直线距离，如图 9-8 所示。

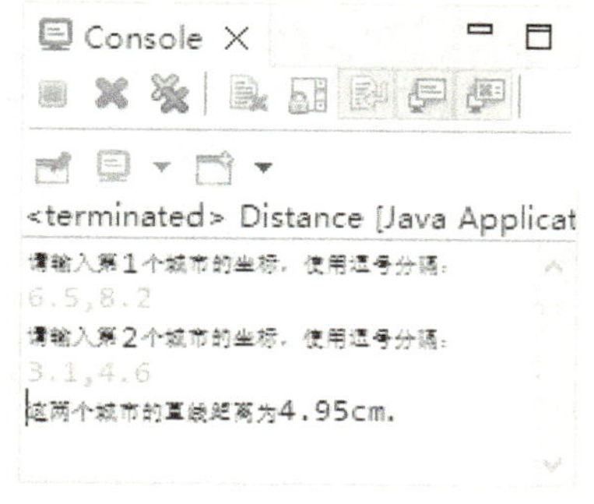


图 9-8　输出结果

## 三、日期和时间类

Java 在 java.util 包中提供了一个以毫秒数表示特定日期和时间的 Date 类，其数值表示与 GMT（格林尼治标准时间）的 1970 年 1 月 1 日 00：00：00 这一时刻相距的毫秒数。

Date 类提供了一些方法，可以对日期和时间进行处理。其常用方法如表 9-5 所示。

表 9-5　Date 类的常用方法

| 方　法 | 说　明 |
| --- | --- |
| Date() | Date 类的构造方法，用于创建并初始化 Date 对象，表示创建它的时间（精确到毫秒） |
| Date(long date) | Date 类的构造方法，用于创建并初始化 Date 对象，表示创建它的时刻与 1970 年 1 月 1 日 00：00：00 GMT 相距的毫秒数 |
| long getTime() | 返回自 1970 年 1 月 1 日 00：00：00 GMT 至今的毫秒数 |
| void setTime(long time) | 将当前日期和时间值设置为 time 指定的时间点 |
| boolean after(Date date) | 判断当前日期是否在指定日期 date 之后 |
| boolean before(Date date) | 判断当前日期是否在指定日期 date 之前 |
| String toString() | 将 Date 对象转换为字符串类型 |
| int compareTo(Date date) | 比较当前日期对象和指定的日期对象 date 的顺序 |
| Object clone() | 复制 Date 对象 |

### 案例——判断日期的先后顺序

本案例使用 Date 类的方法输出当前日期和时间，并判断与指定时间的先后顺序。

（1）新建一个 Java 项目 DateClass，在项目中添加一个名称为 DateDemo 的类。

（2）引入 java.util.Date 包，在 DateDemo 类中添加 main()方法。具体代码如下：

```
//引入包
import java.util.Date;
public class DateDemo {
    public static void main(String[] args) {
        //创建现在的日期
        Date now = new Date();
        //输出日期
        System.out.println("默认的 Date 格式："+now);
```

```
        //输出当前时间距基准时间的毫秒数
        System.out.println("从基准时间到目前为止经过的毫秒数："+now.getTime());
        //使用一个 long 类型的值创建一个 Date 对象
        Date birthday = new Date(99390006);
        //输出指定的日期
        System.out.println("出生日期："+birthday);
        //比较当前日期是否在指定日期之后
        boolean isBirthday = now.after(birthday);
        //输出判断结果
        System.out.println("生日过了吗："+isBirthday);
    }
}
```

（3）运行程序，即可在 Console 窗格中看到输出结果，如图 9-9 所示。

图 9-9　输出结果

提示：Date 类的对象是随时间变化的，因此每次运行所输出的结果都会不一样。

从上面的案例可以看出，输出的日期和时间格式不方便阅读。为了解决这个问题，Java 在 java.text 包中提供了 DateFormat 类，可以将日期和时间按指定的格式输出。

DateFormat 类提供了以下 4 种格式对日期和时间进行格式化。

- SHORT：完全使用数字，以较短的格式显示日期和时间，如 15:30:00、5:30pm（下午 5 点 30 分）。
- MEDIUM：使用较长的格式显示日期和时间，如 Aug 29,1988（1988 年 8 月 29 日）。
- LONG：使用更长的格式显示日期和时间，如 August 29,1988 或 5:30:46am。
- FULL：使用完整的格式显示日期和时间，如 Thursday January 12 1988 AD（公元 1988 年 1 月 12 日）或 5:30:46am PST（太平洋标准时间上午 5 点 30 分）。

除了预置的格式，DateFormat 类还支持自定义日期和时间格式，前提是先创建 DateFormat 类对象。DateFormat 类是一个抽象类，无法直接实例化，但该类提供了一些静态方法来获取类的实例，如 getDateInstance()方法和 getTimeInstance()方法。创建 DateFormat 对象的语法格式如下：

```
DateFormat df = DateFormat.getDateInstance();
DateFormat df = DateFormat.getTimeInstance();
```

创建 DateFormat 对象后，就可以使用 DateFormat 类提供的一些方法获取和定制日期与时间的格式。DateFormat 类的常用方法如表 9-6 所示。

表 9-6　DateFormat 类的常用方法

| 方　法 | 说　明 |
|---|---|
| static DateFormat getDateInstance() | 获取日期格式器 |
| static DateFormat getDateTimeInstance() | 获取日期和时间格式器 |
| static DateFormat getTimeInstance() | 获取时间格式器 |
| static DateFormat getInstance() | 获取 SHORT 风格的默认日期和时间格式器 |
| String format(Date date) | 将 Date 对象格式化为字符串 |
| Date parse(String arg) | 将字符串解析为日期对象 |
| Calendar getCalendar() | 获取与日期和时间格式器关联的日历 |

此外，DateFormat 类还有一个子类 SimpleDateFormat，允许用户更具体地定制日期和时间的格式。

## 案例——判断日期格式并格式化

本案例要求在 Console 窗格中输入一个日期，并判断其是否为指定的格式，如果不是，就将当前日期和时间按照不同的格式进行输出。

（1）新建一个 Java 项目 DateValidator，在项目中添加一个名称为 DateValidator 的类。

（2）引入包，在 DateValidator 类中添加 main()方法。具体代码如下：

```
//引入包
import java.text.DateFormat;
import java.text.SimpleDateFormat;
import java.util.Date;
import java.util.Scanner;

public class DataValidator {
    public static void main(String[] args) {
        //创建扫描器
        Scanner sc = new Scanner(System.in);
        System.out.println("输入与 yyyy-MM-dd 格式相符的日期：");
        //获取从 Console 窗格中输入的日期
        String date = sc.next();
        //设置格式
        String format = "yyyy-MM-dd";
        //将输入的日期字符串以-为分隔符转换为数组
        String[] dateArr = date.split("-");
        //判断输入的日期格式是否为 yyyy-MM-dd 格式
        if (date.length() == format.length() && dateArr[0].length() == 4
&& dateArr[1].length() == 2 && dateArr[2].length() == 2) {
            //若格式正确，则将字符串解析为指定格式的日期
            System.out.println("格式正确");

        } else {
```

```
    //若格式不正确，则输出错误提示
    System.out.println("日期格式不能匹配！");
    //创建日期
    Date newdate = new Date();
    //创建不同的日期格式
    DateFormat df1 = DateFormat.getInstance();
    DateFormat df2 = new SimpleDateFormat("yyyy-MM-dd hh:mm:ss EE");
    DateFormat df3 = new SimpleDateFormat("yyyy年MM月dd日");
    //将当前日期按照不同格式进行输出
    System.out.println("-------将当前日期时间按照不同格式进行输出------");
    System.out.println("Java默认的日期格式： " + df1.format(newdate));
    System.out.println(" 格 式  yyyy-MM-dd  hh:mm:ss  EE ， 系 统 默 认 区 域 :" +
df2.format(newdate));
    System.out.println("格式 yyyy年MM月dd日： " + df3.format(newdate));
    }
    //关闭扫描器
    sc.close();
    }
}
```

（3）运行程序，在 Console 窗格中根据提示输入日期，如果输入的日期与指定的格式不符，则将当前日期和时间转换为不同的格式进行输出，如图 9-10 所示。

图 9-10　输出结果

## 四、随机数类

随机数在实际应用中很常见。Java 在 java.util 包中提供了 Random 类，用于创建伪随机数。所谓伪随机数，是指只要给定一个初始的种子，产生的随机数序列就完全相同。创建一个随机数生成器的语法格式如下：

```
Random 对象名 = new Random();
```

与其他预定义的类一样，Random 类也提供了多种方法，可以用于生成各种数据类型的随机数。常用的方法如表 9-7 所示。

表 9-7　Random 类中常用的方法

| 方　法 | 说　明 |
|---|---|
| int nextInt() | 返回一个 int 类型的随机值 |
| int nextInt(int n) | 返回一个[0,n)之间的 int 类型的随机值 |
| long nextLong() | 返回一个 long 类型的随机值 |
| float nextFloat() | 返回一个[0,1)之间的 float 类型的随机值 |
| double nextDouble() | 返回一个[0,1)之间的 double 类型的随机值 |
| boolean nextBoolean() | 返回一个 boolean 类型的随机值 |
| double nextGaussian() | 返回一个概率密度为高斯分布的 double 类型的随机值 |

在创建随机数生成器时，如果不指定参数，也就是说不给定种子，则会使用系统当前时间戳作为种子。由于系统时间戳是一直变化的，因此每次运行时的种子不同，得到的随机数序列也就不同。例如，下面的代码每次运行都生成不一样的随机数：

```
//创建随机数生成器
Random rng = new Random();
rng.nextInt();        //在 int 类型的取值范围内生成一个随机数
rng.nextInt(15);      //生成一个大于或等于 0，小于 15 的 int 类型的随机数
```

如果希望每次运行时生成的随机数相同，则在创建 Random 对象时，应当给定一个种子。

上面提到过，Random 对象生成的是伪随机数。如果要生成不可预测的安全的真随机数，则需要用到 SecureRandom 类及其对象。SecureRandom 类创建的随机数生成器不能给定种子，语法格式如下：

```
secureRandom 对象名 = new secureRandom();
```

如果要使用 SecureRandom 类，则应当先使用如下的语句引入包：

```
import java.security.SecureRandom;
```

例如：

```
//创建安全的真随机数生成器
SecureRandom sr = new SecureRandom();
//创建长度为 16 的 byte 类型的数组
byte[] buffer = new byte[16];
//使用安全的真随机数填充数组
sr.nextBytes(buffer);
//输出数组
System.out.println(Arrays.toString(buffer));
```

输出的结果如下，且每次运行的输出结果都不相同：

```
[-121, 23, 28, -67, 16, -65, -93, 54, 33, 79, -57, -28, -15, -2, -90, 7]
```

## 案例——生成确定的随机数序列

本案例使用 Random 类生成了一个确定的随机数序列，也就是说，每次运行程序生成的随机数都一样。

（1）新建一个 Java 项目 RandomDemo，在项目中添加一个名称为 RandomDemo 的类。

（2）引入包，在 RandomDemo 类中添加 main()方法。具体代码如下：

```
//引入包
import java.util.Random;
import java.util.Scanner;
public class RandomDemo {
    public static void main(String[] args) {
        //创建扫描器
        Scanner sc = new Scanner(System.in);
        System.out.println("请输入一个数值作为种子：");
        //接收 Console 窗格中输入的数值
        long seed = sc.nextLong();
        //创建随机数生成器，给定种子
        Random rng = new Random(seed);
        //利用循环结构输出 10 个随机数
        for (int i=1;i<=10;i++) {
            //在[0,520)范围内生成随机数
            System.out.print(rng.nextInt(520)+"\t");
            //每行输出 5 个数
            if (i%5==0) {
                System.out.println();
            }
        }
        //关闭扫描器
        sc.close();
    }
}
```

（3）运行程序，在 Console 窗格中根据提示输入一个数值，按 Enter 键，即可生成一个由 10 个大于或等于 0 且小于 520 的随机数组成的序列，输出结果如图 9-11 所示。

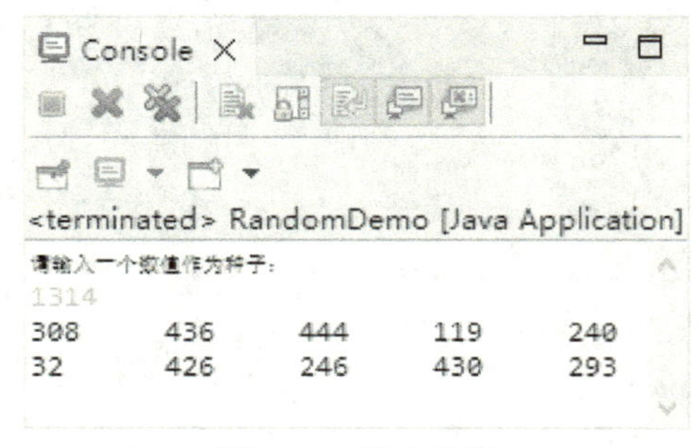


图 9-11　输出结果

每次运行该程序时，只要输入的种子相同，输出的随机数序列就完全相同，否则会输出不一样的随机数序列。

## 五、集合类

集合是一种可以包含其他对象的数据结构，就像一个装载多个对象的容器。Java 在 java.util 包中提供了集合类，通过提供数据结构和算法的高性能实现来保证程序的执行速度和质量。

提示：集合与数组有些类似，都可以装载多个对象。不同的是，集合只能存放对象，长度是可变的；而数组可以存放基本类型的数据和对象，长度是固定的。

集合类可以分为两大类：继承 Collection 接口的元素集合类型（List 和 Set）、以 Map 为接口的映射集合。List 接口、Set 接口和 Map 接口分别提供了不同的实现类，如图 9-12 所示。

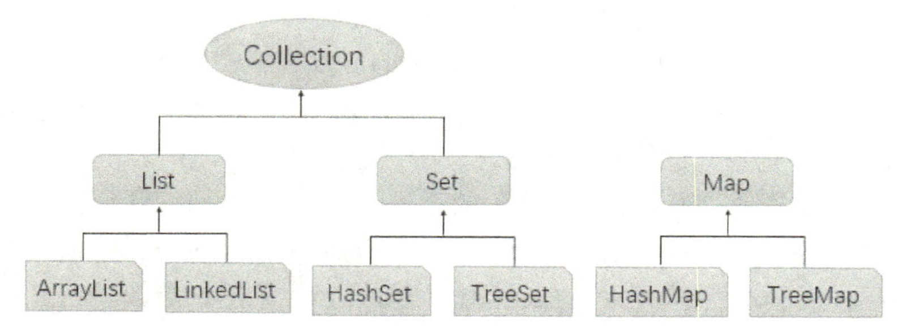


图 9-12　集合的继承关系

Collection 接口不能被直接使用，但提供了操作集合及集合中元素的方法。Collection 接口常用的方法如表 9-8 所示。

表 9-8　Collection 接口的常用方法

| 方　法 | 说　明 |
| --- | --- |
| add(Object o) | 将指定的对象添加到集合中 |
| clear() | 清空集合中的所有元素 |
| contains(Object o) | 判断集合中是否包含指定的对象 |
| isEmpty() | 判断集合是否为空 |
| iterator() | 返回用于遍历集合中所有元素的迭代器 |
| remove(Object o) | 从当前集合中移除指定的对象 |
| size() | 返回当前集合中元素的个数 |

其中，迭代器 Iterator 是 java.util 包中提供的一个接口，用于对集合进行遍历、迭代，其常用的方法如表 9-9 所示。

表 9-9　迭代器 Iterator 的常用方法

| 方　法 | 说　明 |
| --- | --- |
| hasNext () | 判断是否仍有元素可以迭代 |
| next() | 返回迭代的下一个元素 |
| remove() | 从迭代器指向的 Collection 中移除迭代器返回的最后一个元素 |

### 1. List 集合

List 集合包括 List 接口及 List 接口的所有实现类，是能包含重复元素的有序集合。List 集合中各元素的顺序就是元素的添加顺序，首元素的索引为 0。与数组类似，可以通过索引访问集合中的元素，或者添加、删除元素。

List 接口继承自 Collection 接口，除了可以使用 Collection 接口中的所有方法，还定义了两个重要的方法，如表 9-10 所示。

表 9-10 List 接口的方法

| 方　法 | 说　明 |
| --- | --- |
| get (int index) | 获取集合中指定索引位置的元素 |
| set(int index, Object obj) | 将集合中指定索引位置的对象修改为指定的对象 |

List 接口不能直接被实例化，而是需要通过其实现类实例化。List 接口常用的实现类有 ArrayList 类和 LinkedList 类，这两个类的特性简要介绍如下：

ArrayList 类的内部实现基于内部数组 Object[]，以数组的形式保存集合中的元素，能根据索引位置随机、高效地访问集合中的元素。如果要在 ArrayList 的前面或中间插入数据，则必须将其后面的所有数据进行相应的后移，费时较多。

LinkedList 类的内部实现基于一组连接的记录，以链表结构保存集合中的元素。如果要访问其中的某个元素，则必须从链表的一端开始沿着连接方向进行元素的逐个查找，可以很方便地在集合中插入或删除元素，但是随机访问集合元素的性能较差。

实例化 List 集合的代码如下：

```
List<E> list_1 = new ArrayList<>();          //使用 ArrayList 类实例化
List<E> list_2 = new LinkedList<>();         //使用 LinkedList 类实例化
```

上面的代码声明使用泛型的 List 类型变量 list_1 和 list_2，其中 E 为类型变量。Java 中的参数化类型称为泛型，也就是所操作的数据类型被限定为指定的参数，这个参数类型可以用在类、接口和方法的声明及创建中，对应地，分别被称为泛型类、泛型接口和泛型方法。

声明一个泛型与声明一个普通类基本相同，只不过泛型使用<>传递参数，在声明泛型时，需要把泛型的变量放置在<>中。例如，在声明 List 集合时，使用如下语句可以指定 List 集合对象 sList 中存储的元素数据类型为 String 类型，如果添加其他类型的元素，则编译器会报错：

```
List<String> sList;
```

### 2. Set 集合

Set 集合包括 Set 接口及 Set 接口的所有实现类，是不能包含重复元素的无序集合，其中的元素不按特定的方式排序。由于 Set 集合中的元素不能重复，因此在其中插入元素时，要先判断集合中是否已经存在该元素。

Set 接口也是通过其实现类实例化的，其常用的实现类有 HashSet 类和 TreeSet 类。

HashSet 类将元素存储在散列表中，不允许有重复元素，适用于不需要有序的元素序列，能实现快速查找功能。

TreeSet 类将元素存储在树结构中，且元素按有序方式存储，可以按任何次序在其中添加元素，但效率低于 HashSet。TreeSet 类还实现了 SortedSet 接口，因此在遍历 TreeSet 类时，元素出现的序列是有序的（默认按升序排列）。

提示：在创建 TreeSet 类对象时，使用 Comparator 接口可以指定元素序列的排序方式。

例如，下面的代码创建一个 Set 集合对象，并向集合中添加元素：

```
//使用 TreeSet 类创建 Set 集合对象
Set<Integer> set = new TreeSet<>();
//调用 Collection 的 add()方法向集合中添加元素
set.add(520);
set.add(365);
```

TreeSet 类除了可以使用 Collection 接口中的所有方法，还定义了一些用于操作集合元素的方法，如表 9-11 所示。

表 9-11　TreeSet 类的方法（E 代表元素类型）

| 方　法 | 说　明 |
|---|---|
| comparator() | 返回对集合中的元素进行排序的比较器。如果集合中使用自然顺序，则返回 null |
| first() | 获取集合中第 1 个元素 |
| floor(E e) | 获取集合中小于或等于指定元素的最大元素 |
| headSet(E e) | 返回集合中指定元素 e（不包含）之前的所有对象组成的新集合 |
| subSet(E e1, E e2) | 返回集合中 e1 对象（包含）与 e2 对象（不包含）之间的所有对象组成的新集合 |
| tailSet(E e) | 返回集合中 e 对象（包含）之后的所有对象组成的新集合 |

### 3. Map 集合

Map 集合由 Map 接口和 Map 接口的所有实现类组成，常用于存储具有映射关系的数据，在通过某些关键信息（称为“键”）查找对应的对象（称为“值”）时很实用。例如，在联系人列表中通过姓名查找对应的联系电话。

Map 接口常用的方法如表 9-12 所示。

表 9-12　Map 接口的常用方法

| 方　法 | 说　明 |
|---|---|
| clear() | 清空集合中的所有元素 |
| containsKey(Object key) | 判断集合中是否包含指定的键 key |
| containsValue(Object value) | 判断集合中是否包含指定的值 value |
| get(Object key) | 返回指定的 key 对应的值，如果不存在，则返回 null |
| keyset() | 返回集合中所有 key 形成的 Set 集合 |
| put(Object key,Object value) | 在集合中添加指定的 key 与 value 的映射关系 |
| values() | 返回集合中所有值组成的 Collection 集合 |

Map 接口是映射类的顶层接口，常用的实现类有 HashMap 和 TreeMap。

映射类是一种存储数据采用“键-值对”（key-value 对）形式的数据结构，将“键”和“值”关联在一起，给出 key 就可以查找到与之关联的 value。

HashMap 类对 key 进行散列，key 不能重复但可以为 null，通过散列表可以快速查找、添加和删除映射关系，但不保证映射的顺序。

TreeMap 类由于实现了 SortedMap 接口，在存储 key-value 对时，需要根据 key 进行排序（key 不能为 null）。

## 案例——图书归类

本案例利用 Map 接口实现类，将某个书架上的图书进行归类。

（1）新建一个项目 Collection，在其中添加一个名称为 Books 的类，引入包，添加 main() 方法。具体代码如下：

```
import java.util.HashMap;
import java.util.Iterator;
import java.util.Map;

public class Books {
    public static void main(String[] args) {
        //使用 HashMap 实现 Map 接口
        Map<String, String[]> map = new HashMap<>();
        //调用 put()方法向集合 map 中添加元素
        map.put("操作系统",new String[] { "<<Windows 10 详解>>", "<<Linux 系统管理>>", "<<网络操作系统>>", "<<Android 系统安全与攻防>>"});
        map.put("人工智能", new String[] { "<<机器学习导论>>", "<<深度学习与 R 语言>>", "<<多智能体机器学习>>", "<<无人机简史>>" });
        map.put("大数据",new String[] { "<<SAS 开发经典案例>>", "<<社交大数据挖掘>>", "<<深入浅出商业智能>>", "<<Spark 内核机制>>" });
        //创建迭代器
        Iterator<String> iter = map.keySet().iterator();
        //遍历集合 map
        while (iter.hasNext()) {
            Object subject = iter.next();                        //接收 key 值
            System.out.println(subject + "类图书有：");          //输出 key 值
            //接收 Value 值，并存放到 String 类型的数组中
String val[] = (String[]) map.get(subject);
            //遍历数组，输出数组中的元素
            for (int i = 0; i < val.length; i++) {
                System.out.print(val[i] + "  ");
            }
            System.out.println("\n");
        }
    }
}
```

（2）运行程序，即可在 Console 窗格中看到输出的图书分类及对应的详细书籍信息，如图 9-13 所示。

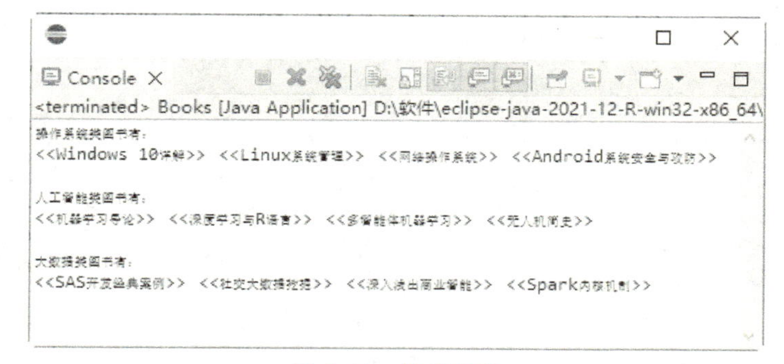


图 9-13　输出结果

## 项目总结

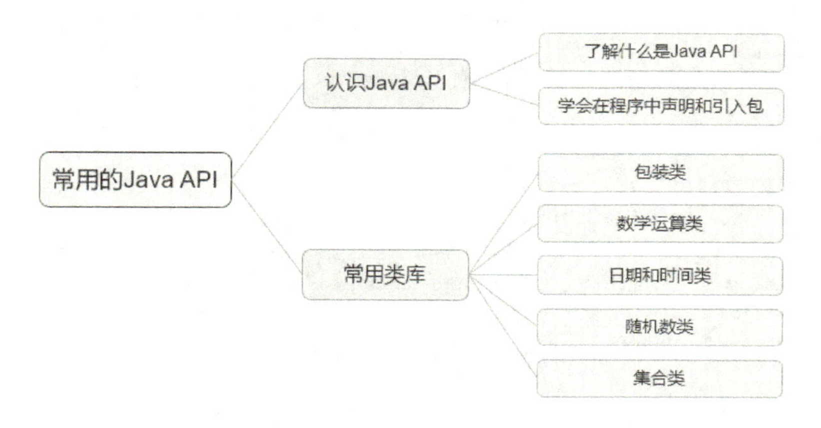


本项目主要讲解 Java API 中几个常用的类库，包括封装基本数据类型的 Number 类、解决常见数学问题的 Math 类、处理日期时间的 Date 类、生成随机数的 Random 类和存储多个对象的集合类（List、Set 和 Map）。

在学习本章时，读者要重点掌握常用的 Java API，学会在实际开发过程中灵活应用这些类库以提高编码效率和质量。

## 项目实战

### 实战一：自助购物找零

假设某台自助购物支付终端不接收零钱，并且会先对购物金额进行四舍五入取整，再计算找零。本实践模拟自动购物找零的过程。

（1）新建一个 Java 项目 Shopping，在项目中添加一个名称为 ShoppingDemo 的类。

（2）引入包，在 ShoppingDemo 类中添加 main()方法，编写实现代码。具体代码如下：

```
//引入包
import java.util.Scanner;
public class ShoppingDemo {
```

```
    public static void main(String[] args) {
        //定义商品单价
        double appleprice = 6.88;
        double cakeprice = 31.99;
        System.out.println("苹果售价：" + appleprice + "元/kg。");
        System.out.println("糕点售价：" + cakeprice + "元/kg。");
        //输入购买商品的质量
        Scanner sc = new Scanner(System.in);
        System.out.print("输入购买苹果的质量(kg)：");
        double appleweight = sc.nextDouble();
        System.out.print("输入购买糕点的质量(kg)：");
        double cakeweight = sc.nextDouble();
        //计算商品总价
        double totalPrice = appleprice * appleweight+cakeprice * cakeweight;
        //将商品总价保留一位小数输出
        System.out.println("购买商品的总价为" + String.format("%.1f", totalPrice)
+ "元。");
        //定义应付金额
        double amount;
        //对应付金额进行四舍五入取整
        if (String.format("%.1f", totalPrice).contains(".5")) {
            amount = Math.round(totalPrice) + 1;
        } else {
            amount = Math.round(totalPrice);
        }
        //输出取整后的应付金额
        System.out.println("应付金额为" + amount + "元。");
        //输入支付金额
        System.out.print("输入支付金额：");
        double money = sc.nextDouble();
        //如果支付金额不足，则提示重新输入
        while (money<amount) {
            System.out.println("支付的金额不足。");
            System.out.print("请重新输入支付金额：");
            double newmoney = sc.nextDouble();
            money = newmoney;
        }
        //输出实收金额
            System.out.println("实收金额:" + money + "元。");
            //计算找款，并输出
            System.out.println("找款:" + (money-amount) + "元。");
            //关闭扫描器
        sc.close();

    }
}
```

（3）运行程序，在 Console 窗格中根据提示输入各种商品的质量，按 Enter 键输出商品应付金额。输入支付金额，与应付金额进行比较，如果输入的支付金额不足，则输出相应的信息提示，重新输入；如果输入的支付金额大于或等于应付金额，则输出实收金额和找款，如图 9-14 所示。

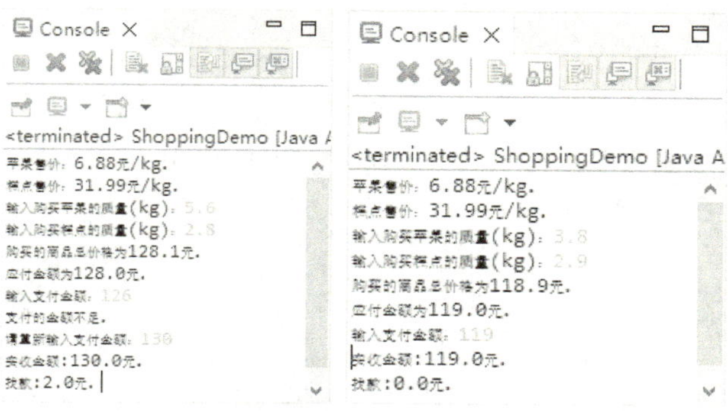

图 9-14　输出结果

## 实战二：机选双色球号码

双色球是中国福利彩票发行管理中心统一组织发行的一种大盘玩法游戏，属于乐透型彩票范畴。双色球投注区分为红球号码区和蓝球号码区。红球号码范围为 01～33，蓝球号码范围为 01～16。每期双色球都会从 33 个红球中开出 6 个号码，从 16 个蓝球中开出 1 个号码作为中奖号码。本实战模拟机选双色球号码的过程。

（1）新建一个 Java 项目 LotteryDemo，在项目中添加一个名称为 LotteryDemo 的类。

（2）引入包，在 LotteryDemo 类中添加 main()方法，编写实现代码。具体代码如下：

```
//引入包
import java.util.Random;
import java.util.Scanner;

public class LotteryDemo {
    public static void main(String[] args) {
        //创建扫描器
        Scanner sc = new Scanner(System.in);
        System.out.print("请输入您要购买的彩票数量："); //提示信息
        //输入要购买的彩票数量
        int counts = sc.nextInt();
        //创建随机数生成器
        Random rnd = new Random();
        System.out.println("您购买的彩票号码如下："); //提示信息
        //生成彩票
        for (int i = 0; i < counts; i++) {
            //创建数组，用于存放红球号码
            int[] red = new int[6];
            //使用循环生成 6 个红球号码
            for (int j=0;j<6;j++) {
                //红球号码范围为 01～33
                int redNum = rnd.nextInt(33) + 1;
```

```
                //将生成的随机数存入数组
                red[j]=redNum;
                //如果生成的随机数小于 10，则在该数前加一个 0 进行输出
                //各个号码之间使用制表符分隔
                if (red[j]<10) {
                System.out.print("0"+red[j]+"\t");
                } else {
                //如果生成的随机数不小于 10，则直接输出
                System.out.print(red[j]+"\t");
                }
            }
            //蓝球号码范围为 01～16
            int greenNum = rnd.nextInt(16) + 1;
            //如果生成的随机数小于 10，则在该数前加一个 0 进行输出并换行
            if (greenNum<10) {
                System.out.print("0"+greenNum+"\n");
            } else {
                //如果生成的随机数不小于 10，则直接输出并换行
                System.out.print(greenNum+"\n");
            }
        }
        //关闭扫描器
        sc.close();
    }
}
```

（3）运行程序，在 Console 窗格中输入要购买的彩票数量，按 Enter 键，即可输出指定数量的彩票号码，每一行显示为一张彩票的号码，如图 9-15 所示。

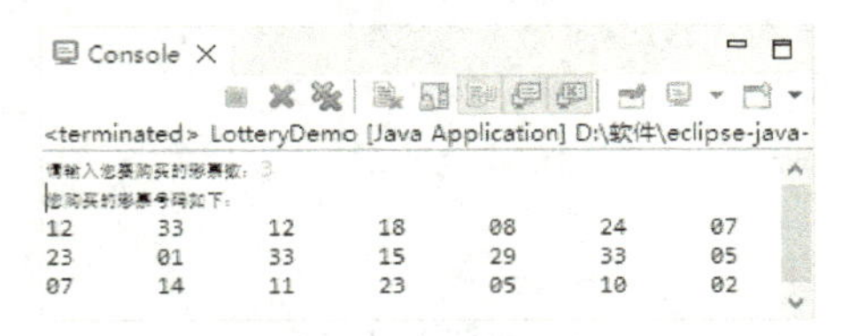


图 9-15 输出结果

## 习　题

1．居民身份证号码是特征组合码，排列顺序从左至右依次为：6 位数字地址码，8 位数字出生日期码，3 位数字顺序码和 1 位数字校验码。在 Console 窗格中输入一个 18 位的身份证号码，使用 Integer 类的常用方法，输出身份证号码中的地址码、出生日期码、顺序码和校验码。

2．假设某银行整存整取的定期利率为 2.25%。在 Console 窗格中输入存款本金和年限，计算存款到期时的总额。

3．使用 TreeSet 类将给定的数列（32，75，-20，93，86，100）进行降序排列。

# 项目十　输入/输出与文件处理

## 思政目标

- 学会理论联系实际，注意读/写文件的安全性。
- 具体问题具体分析，注重培养灵活运用所学知识解决问题的能力。

## 技能目标

- 了解字节流和字符流的区别。
- 能够使用带缓冲的I/O流读取和写入数据。
- 能够创建、删除、遍历文件和目录。

## 项目导读

在程序设计中，输入实际上就是从外部（如硬盘上的某个文件）把内容读取到内存中，并且以某种数据类型表示，这样后续代码才能处理这些数据。因为内存有“易失性”的特点，输入的数据在程序运行结束后就会丢失，所以必须把处理后的数据以某种方式输出，例如，写入文件中。本项目介绍利用Java的I/O技术读取和保存数据，以及操作文件和目录的方法。

## 任务一　认识输入/输出流

### 任务引入

在实际应用中，很多应用程序都需要实现数据的读/写操作。小白得知Java在java.io包中提供了I/O流相关的类用于读/写数据。那么，什么是I/O流呢？在Java中，怎样使用I/O流的类读/写数据呢？考虑到执行效率，读/写少量的字符内容和大篇幅的字符内容的方法是否一样呢？

## 知识准备

### 一、什么是 I/O 流

程序代码是在内存中运行的，因此数据也必须被读取到内存中，存储在变量、对象或数组中，这样才能对这些数据进行处理。

输入/输出是指 Input/Output，即 I/O。以内存为中心，输入是指从外部将数据读取到内存中，例如，将文件从磁盘读取到内存中，将数据从网络读取到内存中，等等。输出是指把数据从内存输出到外部，例如，将数据从内存写入文件中，将数据从内存输出到网络中，等等。

输入与输出设备之间的数据传递类似于自来水在水管中流动。在程序设计中，将顺序读/写数据的模式抽象为流，也就是输入/输出流（或 I/O 流）。根据操作流的数据单元是一个字节还是一个字符（两个字节），可以将流分为字节流和字符流。

在 Java 中，输入实际上是指从外部（如磁盘上的文件）读取数据，并以 Java 提供的某种数据格式（如 byte[]、String）表示。输出实际上是指把 Java 表示的数据格式（如 byte[]、String）写入某个存储位置。例如，从磁盘上读入一个文件中的字符，就是输入字节流；将内存中的字节写入磁盘文件中，就是输出字节流。

在 Java 中，有关 I/O 流的类都被放置在 java.io 包中，所有与输入流有关的类都是抽象类 InputStream（字节输入流）或抽象类 Reader（字符输入流）的子类；所有与输出流有关的类都是抽象类 OutputStream（字节输出流）或抽象类 Writer（字符输出流）的子类。

I/O 流的操作只有读取和写入两种，该体系一共有 4 个基类，而且都是抽象类。

- 字节流：InputStream 类和 OutputStream 类。
- 字符流：Reader 类和 Writer 类。

这 4 个类的子类有一个共性特点：子类名后缀都是父类名，前缀名都是这个子类的功能名称。

### 二、字节流

字节流是指处理字节数据的流对象。计算机中的最小数据单元为字节，所以设备上的数据无论是图片、文字还是音视频，都是以二进制形式存储的，并且以 byte（字节）为数据单元进行体现。也就是说，字节流可以处理设备上的所有数据。

#### 1. 字节输入流 InputStream

Java 标准库提供的最基本的输入流（java.io.InputStream）是一个抽象类，定义了所有字节输入流的超类。两个常用子类的简要说明如下。

- ByteArrayInputStream：在内存中模拟一个字节流输入。
- FileInputStream：从文件系统中读取类似于图像数据的原始字节流，实现文件流输入。

InputStream 类中的常用方法如表 10-1 所示。

表 10-1　InputStream 类中的常用方法

| 方　法 | 说　明 |
| --- | --- |
| int read() | 读取输入流的下一个字节，并返回字节表示的 int 值（0~255）。如果已读取到末尾，则返回-1，表示不能继续读取可用的字节 |
| int read(byte[] b) | 读取输入流中指定长度的字节，返回整数形式的字节数 |
| void mark(int readlimit) | 在输入流的当前位置放置一个标记，使用参数 readlimit 指定输入流在标记位置失效前允许读取的字节数 |
| void reset() | 将输入指针返回当前标记处 |
| long skip(long arg) | 在输入流中跳过 arg 个字节，返回实际跳过的字节数 |
| boolean markSupported() | 判断当前流是否支持 mark()或 reset()方法 |
| void close() | 关闭输入流，释放与该流关联的系统资源 |

在计算机中，文件、网络端口等资源都由操作系统统一管理。在应用程序运行过程中，如果打开了一个文件进行读/写操作，则在操作完成后要及时关闭，释放资源，否则可能会影响其他应用程序运行。InputStream 和 OutputStream 都通过 close()方法关闭流，释放对应的底层资源。

在读取或写入 I/O 流的过程中，可能会发生错误，例如，文件不存在导致无法读取，没有写权限导致写入失败，等等。这些底层错误都会引发 IOException 异常并抛出。因此，所有与 I/O 操作相关的代码都必须正确处理 IOException 异常。

```
public abstract int read() throws IOException
```

## 案例——读取文本文件

本案例首先创建一个字节输入流对象，然后读取一个文本文件中的所有字节并输出，用于演示 InputStream 类的使用方法，以及 I/O 流异常处理的方式。

（1）新建一个 Java 项目 ReadFile，在项目中添加一个名称为 ReadFile 的类。

（2）引入使用输入流和异常处理需要的包，在 ReadFile 类中添加 main()方法，编写实现代码。具体代码如下：

```
//引入包
import java.io.FileInputStream;
import java.io.IOException;
import java.io.InputStream;

public class ReadFile {
    //读取文件可能发生异常，使用 throws 关键字抛出异常
    public static void main(String[] args) throws IOException {
        //创建一个 InputStream 对象
        InputStream text = null;
        try {
            //创建一个 FileInputStream 对象
            text = new FileInputStream("D:/java_source/little star.txt");
            //定义一个 int 值，用于显示输入流中的字节
```

```
            int n;
            //利用 while 读取并判断是否到达文件末尾
            while ((n = text.read()) != -1) {
                //输出字符对应的字节
                System.out.println(n);
            }
        }
        finally {
            if (text != null) {
                //关闭输入流
                text.close();
            }
        }
    }
}
```

FileInputStream 类是 InputStream 类的一个子类，有如下两个构造方法：

```
FileInputStream(String filepath)        //参数 filepath 是文件路径
FileInputStream(File fileObj)           //参数 fileObj 是要打开的文件
```

上面的代码使用第 1 种构造方法构造了一个 FileInputStream 对象，指向磁盘中的文本文件 little star.txt。如果读取过程中发生了错误，InputStream 将无法被正确地关闭，资源也就无法被及时释放。上面的代码使用 try-finally 结构保证无论是否发生 I/O 错误，InputStream 类都能被正确地关闭。

（3）运行程序，在 Console 窗格中可以看到文本文件内容的字节形式，如图 10-1 所示，对应的文本文件如图 10-2 所示。

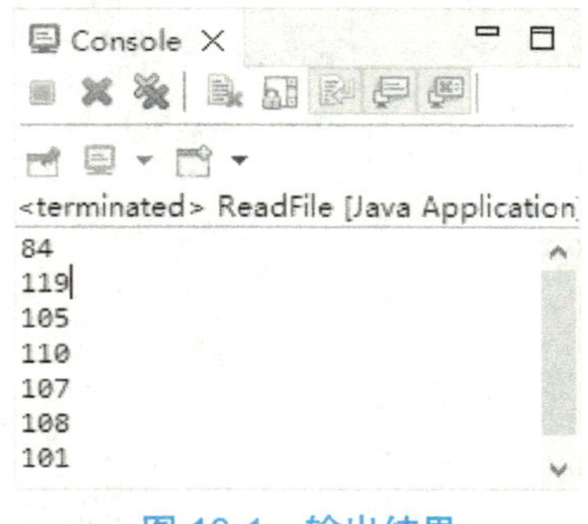

图 10-1　输出结果

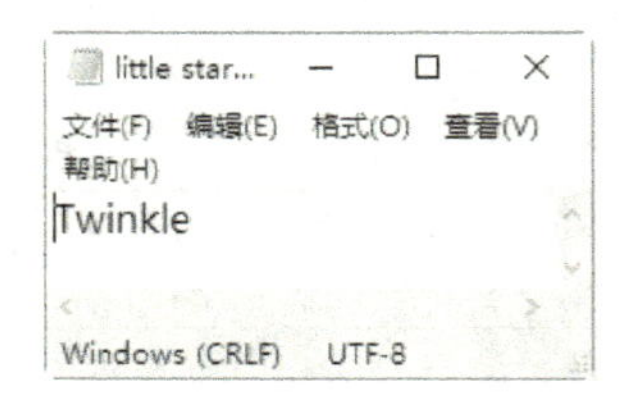

图 10-2　文本文件

### 2. 字节输出流 OutputStream

与字节输入流 InputStream 类似，OutputStream 是 Java 标准库提供的最基本的输出流，代表字节输出流。OutputStream 也是抽象类，是所有字节输出流的超类。两个常用子类的简要说明如下。

- ByteArrayOutputStream：在内存中模拟一个字节流输出。
- FileOutputStream：实现文件流输出。

OutputStream 类中的常用方法如表 10-2 所示。

表 10-2　OutputStream 类中的常用方法

| 方　法 | 说　明 |
|---|---|
| void write(int b) | 将 int 类型的参数 b 最低 8 位表示的字节写入输出流中 |
| void write(byte[] b) | 将数组 b 中的字节写入输出流中 |
| void write(byte[] b, int off, int len) | 将数组 b 中从索引 off 开始的 len 个字节写入输出流中 |
| void flush() | 将缓冲区的内容完全输出并清空缓冲区 |
| void close() | 关闭输出流，释放与该流关联的系统资源 |

从表 9-2 中可以看出，OutputStream 类中的所有方法都没有返回值，在出现错误时会引发 IOException 异常并抛出。例如：

```
public abstract void write(int b) throws IOException
```

注意：虽然这个方法传入的是 int 类型的参数，但只会写入一个字节到输出流中。

在向磁盘、网络写入数据时，出于效率的考虑，操作系统并不是只要输出一个字节就写入一个字节，而是把输出的字节先放到内存的一个缓冲区，待缓冲区写满了，再一次性写入文件中或输出到网络中。

缓冲区实质上就是一个 byte[]数组，待缓冲区写满了，OutputStream 会自动调用 flush()方法，强制输出缓冲区内容。此外，在调用 close()方法关闭 OutputStream 之前，还会自动调用 flush()方法。如果希望实时输出内容，就需要手动调用 flush()方法。例如，在使用聊天软件时，通常希望即时收到对方发送的消息。

## 三、字符流

虽然字节流也可以处理字符，但是由于每个国家的字符不一样，就会涉及不同的字符编码。要获取某种字符，必须指定相应的字符编码表。为了便于解析不同类型的字符，可以将字节流和编码表封装成对象，这就是字符流。

### 1. 字符输入流 Reader

如果要读取的是字符，并且字符不全是单字节表示的 ASCII 字符，例如，Java 中的字符是 Unicode 编码的双字节的，则在这种情况下，使用字符流显然更方便。

Java 提供了 Reader 类来读取字符输入流。字符流传输的最小数据单位是 char。Reader 实质上是一个能自动编/解码的 InputStream，是所有字符输入流的父类。几个常用子类的简要说明如下。

- BufferedReader：从字符输入流中读取文本，缓冲各个字符，从而实现字符、数组和行的高效读取。可以指定缓冲区的大小，或者使用默认的大小。
- LineNumberReader：跟踪行号的缓冲字符输入流。该类定义了两个方法，即 setLineNumber(int)和 getLineNumber()，可分别用于设置和获取当前行号。
- InputStreamReader：该类是字节流通向字符流的桥梁，使用指定的 charset 读取字节并将其解码为字符。
- FileReader：用于读取字符文件。

Reader 类中的方法与 InputStream 类中的方法类似，不同的是，Reader 类中的 read()

方法的参数是 char 类型的数组。虽然数据源是字节，但是 Reader 类将读入的 byte 数据进行了编码，转换为 char 类型的字符。Reader 子类必须实现的方法只有 read(char[], int, int) 和 close()。

此外，Read 类还提供了一个返回值为 boolean 类型的 ready()方法，用于判断是否准备读取流。

### 2. 字符输出流 Writer

Java 标准库提供了 Writer 类来处理字符输出流。Writer 实质上是一个能自动编/解码的 OutputStream，将 char 类型转换为 byte 类型并输出，是所有字符输出流的父类。几个常用子类的简要说明如下。

- BufferedWriter：将文本写入字符输出流中，缓冲各个字符，从而提供单个字符、数组和字符串的高效写入。
- OutputStreamWriter：是字符流通向字节流的桥梁，使用指定的 charset 将要写入流中的字符编码成字节。
- FileWriter：用于写入字符文件。

Write 类中的常用方法如表 10-3 所示。

表 10-3　Write 类中的常用方法

| 方　法 | 说　明 |
|---|---|
| void write(int c) | 写入一个字符 |
| void write(char[] c) | 写入字符数组 c 中的所有字符 |
| void write(char[] c, int off, int len) | 写入字符数组 c 从索引 off 开始的 len 个字符 |
| void write(String s) | 写入字符串 s |
| void write(String s, int off, int len) | 写入字符串 s 从索引 off 开始的 len 个字符 |
| void flush() | 将缓冲区的内容完全输出并清空缓冲区 |
| void append(char c) | 将指定字符追加到输出流末尾 |
| void append(charSequence cs) | 将指定字符序列追加到输出流末尾 |
| void append(charSequence cs, int start, int end) | 将指定字符序列添加到输出流的指定位置 |
| void close() | 关闭输出流，释放与该流关联的系统资源 |

Writer 子类必须实现的方法仅有 write(char[], int, int)、flush()和 close()。

## 案例——将字符串写入文件中

本案例调用 Write 类中的方法将指定的字符串写入一个文本文件中。

（1）新建一个 Java 项目 WriteFile，在项目中添加一个名称为 WriteFile 的类。

（2）引入使用输入流和异常处理需要的包，在 WriteFile 类中添加 main()方法，编写实现代码。具体代码如下：

```
//引入包
import java.io.FileWriter;
import java.io.IOException;
```

```
public class WriteFile {
    //在 main()方法中抛出可能发生的 I/O 异常
    public static void main(String[] args) throws IOException {
        //创建一个字符输出流对象 fw，用于操作文件
        FileWriter fw = new FileWriter("test.txt");
        //调用 write()方法写入字符串
        fw.write("WriteFile Demo");
        //将缓冲区中的数据写入指定的文件中，清空缓冲区
        fw.flush();
        //关闭流
        fw.close();
    }
}
```

上面的代码首先创建一个字符输出流对象 fw，然后使用参数指定数据写入的位置是项目根目录下的文本文件 test.txt。如果指定位置没有该文件，则创建一个以该名称命名的文件；如果指定位置有同名的文件，则创建一个同名的文件并覆盖该文件。

接下来调用 write()方法写入指定的字符串，此时，字符串并没有被直接写入指定的文本文件中，而是被写入缓冲区中；调用 flush()方法将缓冲区中的数据写入文本文件中，并清空缓冲区。最后调用 close()方法关闭流，释放资源。

（3）运行程序，在项目的根目录下可以看到创建的文本文件，如图 10-3 所示。双击该文件，在 Eclipse 编辑区打开，可以看到写入的字符串，如图 10-4 所示。

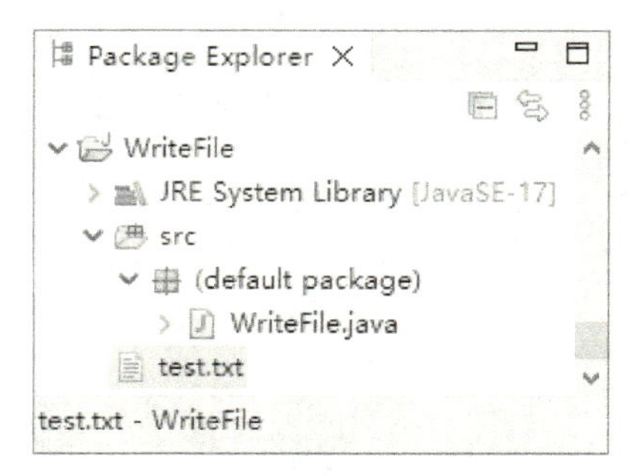


图 10-3　创建的文本文件

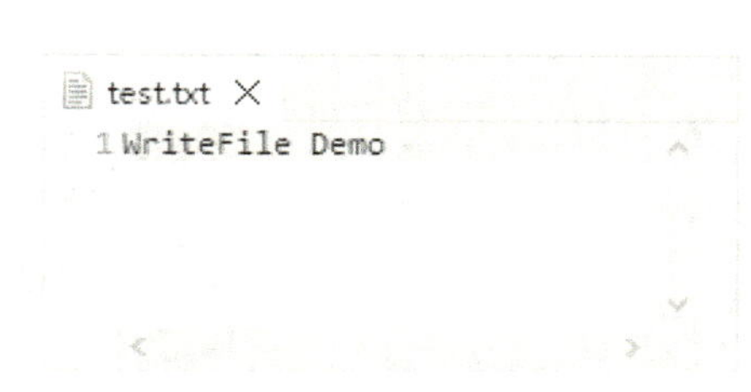


图 10-4　写入的字符串

## 四、带缓冲的 I/O 流

在大型项目中，如果要传输的内容较多，则使用字节流和字符流进行操作时，由于效率较低，通常会采用缓冲数据流对 I/O 流进行性能优化。缓冲数据流为 I/O 流增加了内存缓冲区。数据以块为单位读入/读出缓冲区，从而提升操作效率。

### 1. 缓冲字节流

在 Java 中，使用 BufferedInputStream 类和 BufferedOutputStream 类操作缓冲字节流。

BufferedInputStream 类可以对所有 InputStream 类的子类进行带缓冲区的包装，有两个构造方法，语法格式如下：

```
//创建默认大小为 32 字节的缓冲输入流
BufferedInputStream(InputStream in)
//创建 size 指定大小的缓冲输入流
BufferedInputStream(InputStream in, int size)
```

BufferedOutputStream 类可以对所有 OutputStream 类的子类进行带缓冲区的包装，也有两个构造方法，语法格式如下：

```
//创建默认大小为 32 字节的缓冲输出流
BufferedOutputStream(OutputStream out)
//创建 size 指定大小的缓冲输出流
BufferedOutputStream(OutputStream out, int size)
```

使用缓冲数据流可以在 I/O 流上调用 skip()、mark()和 reset()方法操作数据。

### 2. 缓冲字符流

Java 提供了 BufferedReader 类和 BufferedWriter 类来处理缓冲字符流。这两个类分别继承自 Reader 类和 Writer 类，以行为单位进行输入和输出。

对于 BufferedReader 类，注意 read()方法读取的是单个字符；readLine()方法则读取的是一个文本行，并返回字符串，如果没有内容，则返回 null。

提示：readLine()方法返回的字符串不带换行符。

对于 BufferedWriter 类，newLine()方法可以写入一个行分隔符。

## 案例——读取歌词并输出

本案例首先使用带缓冲区的输入流读取指定目录中一个文本文件的内容，如图 10-5 所示，然后在 Console 窗格中输出。

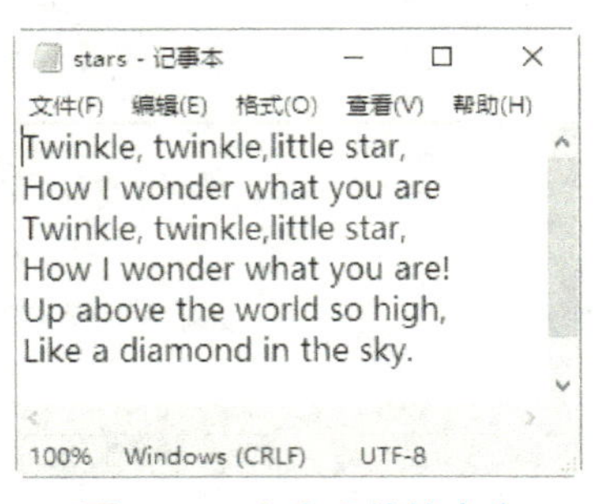


图 10-5 文本文件的内容

（1）新建一个 Java 项目 BufferedIO，在项目中添加一个名称为 BufferedIO 的类。

（2）引入使用输入流和异常处理需要的包，在 BufferedIO 类中添加 main()方法，编写实现代码。具体代码如下：

```
import java.io.BufferedReader;
import java.io.FileReader;
import java.io.IOException;
```

```
public class BufferedIO {
    public static void main(String[] args){
        //指定要读取的文件
        String path = "D:\\java_source\\stars.txt";
        try {
            //创建字符输入流 fr，指向指定路径的文件
            FileReader fr = new FileReader(path)
            //创建带缓冲区的字符输入流 br，与输入流 fr 相关联
            BufferedReader br = new BufferedReader(fr);
            //初始化读取文件的起始位置
            String line = null;
            //调用 readLine()方法读取输入流的每一行，直到末尾
            while((line = br.readLine())!= null){
                //输出读取的行内容
                System.out.println(line);
            }
            //关闭输入流
            fr.close();
            br.close();
        }
        //捕获异常，输出异常消息
        catch (IOException e) {
            System.out.println(e);
        }
    }
}
```

（3）运行程序，即可在 Console 窗格中看到输出的文本文件的内容，如图 10-6 所示。

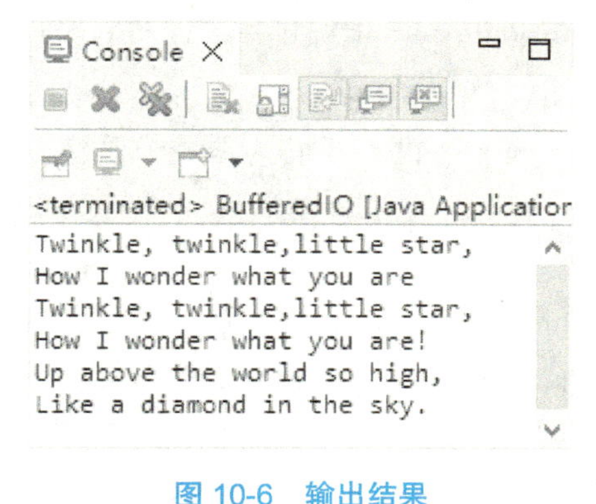


图 10-6　输出结果

# 任务二　操作文件和目录

## 任务引入

通过上一个任务的学习，小白学会了使用I/O流来读/写数据的方法。在查看Java的标准库java.io时，小白得知使用其中的File类可以操作文件和目录。那么，在Java中怎样创建File对象呢？如何使用File对象创建或删除文件和目录呢？能否查看文件和目录的属性，并筛选特定的文件呢？

## 知识准备

### 一、创建File对象

在计算机系统中，文件是非常重要的存储方式。Java的标准库java.io提供了File类来操作文件和目录。

File类将文件系统中的文件和文件夹封装成了对象，并提供了更多的属性和方法来对文件和文件夹进行操作。例如，使用File类可以创建、删除、重命名文件，也可以获取文件的基本信息，如文件所在的路径、文件名称、大小和修改时间等。这些是流对象无法办到的，因为流对象只能操作数据。

使用File类的构造方法可以创建一个文件对象，File对象既可以表示文件，也可以表示目录。语法格式有如下3种：

```
File (String pathname)
File (String parent, String child)
File (File f, String child)
```

要构造一个File对象，需要传入文件路径。传入的文件路径可以是绝对路径，也可以是相对路径。

第1种构造方法使用参数pathname指定包含文件名的路径。

注意：Windows平台使用\作为路径分隔符，在Java中，需要用转义字符\\表示\，也可以直接使用/进行路径分隔。Linux平台使用/作为路径分隔符。

例如，下面的代码可以在D盘指定路径D:/java_source下创建一个名称为stars.txt的文本文件：

```
//使用绝对路径传入文件路径
File file1 = new File ("D:/java_source/stars.txt");
File file1 = new File ("D:\\java_source\\stars.txt");
//使用相对路径传入文件路径
File file1 = new File ("/java_source/stars.txt");
File file1 = new File ("\\java_source\\stars.txt");
```

在传入相对路径时，在相对路径的前面加上当前目录就是绝对路径。上面的示例假设当前目录是D:\。在传入相对路径时，可以使用.表示当前目录，使用..表示上级目录。例如，假设当前目录是 D:\Demos，下面的代码可以访问不同路径下的 Hello.java：

```
//绝对路径是 D:\Demos\sub\Hello.java
File file2 = new File(".\\sub\\Hello.java ");
//绝对路径是 D:\sub\Hello.java
File file3 = new File("..\\sub\\Hello.java ");
```

注意：在构造一个 File 对象时，即使传入的文件或目录不存在，代码也不会出错，因为构造一个 File 对象并不会导致任何磁盘操作。只有在调用 File 对象的某些方法时，才会真正进行磁盘操作。

第 2 种构造方法通过分别指定父路径 parent 和子路径 child 传入文件路径。父路径是磁盘根目录或磁盘中的某个文件夹，如 D:/或 D:/java_source/。子路径是指包含文件类型后缀的文件名称，如 stars.txt。因此，上面的示例代码也可以写成如下形式：

```
File file1 = new File ("D:/java_source/","stars.txt");
File file1 = new File ("D:\\java_source\\","stars.txt");
```

第 3 种构造方法根据磁盘中的某个文件夹 f（称为父文件对象）和要创建的文件名 child（称为子文件对象）创建文件对象。例如，上面的示例代码也可以写成如下形式：

```
File f1 = new File ("D:/java_source/");  //创建父文件对象
File file1 = new File (f1,"stars.txt");  //绝对路径是 D:\ java_source\stars.txt
```

## 二、创建和删除文件

在程序设计中，有时需要读/写一些临时文件，可以先创建一个临时文件，然后在不需要时删除该文件。

需要注意的是，无论是创建还是删除文件，通常都需要先调用 exists()方法来判断文件是否存在。

### 1. 创建文件

使用 createNewFile()方法可以创建文件，语法格式如下：

```
boolean createNewFile()
```

该方法在指定目录下创建文件，如果该文件已经存在，则不创建。而对操作文件的输出流而言，输出流对象一旦被创建，就会创建文件，如果文件已经存在，则会覆盖原文件，除非续写。

### 2. 删除文件

使用 delete()方法可以删除抽象路径名指定的文件或目录，语法格式如下：

```
boolean delete()
void deleteOnExit()
```

如果使用 deleteOnExit()方法，则可以在退出 JVM 时自动删除该文件。

## 案例——文件操作示例

本案例首先检测指定路径是否存在指定名称的文件，如果不存在，则创建该文件，否则先删除同名文件，再创建一个新文件。

（1）新建一个 Java 项目 FileCreate，在项目中添加一个名称为 FileCreate 的类。

（2）引入操作文件需要的包，在 FileCreate 类中添加 main()方法，编写实现代码。具体代码如下：

```
//引入包
import java.io.File;
import java.io.IOException;
public class FileCreate {
    public static void main(String[] args) throws IOException {
        //定义要创建文件的盘符
        String disk = "D:";
        //定义要创建文件的路径
        String childpath = "java_source";
        //定义要创建文件的名称
        String name = "temp.txt";
        //使用静态变量 separator，根据操作系统输出路径分隔符
        //组合成适应操作系统的路径
        String path = disk + File.separator + childpath + File.separator +name;
        //创建文件对象，指向特定位置的文件
        File f = new File(path);
        //调用 File 对象的 exists()方法，判断指定文件是否存在
        if (f.exists()){
            //如果存在，则先删除该文件
            System.out.println("该文件已存在，将删除该文件。");
            f.delete();
        }
        //创建文件
        f.createNewFile();
        System.out.println("在路径"+path+"已创建文件"+name);
    }
}
```

上面的代码在操作文件时使用常量 File.separator 表示分隔符，使得程序可以根据所在的操作系统自动使用符合本地操作系统要求的分隔符，从而可以在任意的操作系统中使用。

（3）运行程序，如果在指定位置没有同名的文件，则创建文件，并在 Console 窗格中输出相应的提示信息，如图 10-7 所示。

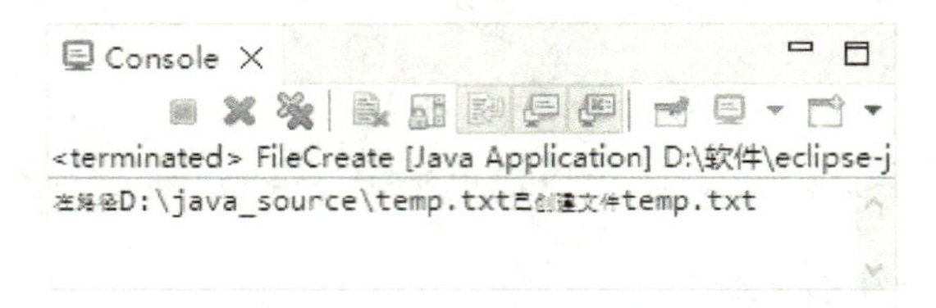


图 10-7　指定文件不存在的输出结果

（4）再次运行程序，由于在指定位置已经存在同名的文件，将先删除该文件，并在

Console 窗格中输出相应信息，然后重新创建一个文件，并输出相应信息，如图 10-8 所示。

图 10-8　指定文件存在的输出结果

## 三、获取文件属性

在创建文件对象后，如果要使用文件对象获取文件的相关属性，则有必要先了解 File 类的一些常用方法，如表 10-4 所示。

表 10-4　File 类的一些常用方法

| 方法名称 | 说　明 |
| --- | --- |
| boolean canRead() | 判断指定的文件是否可读取 |
| boolean canWrite() | 判断指定的文件是否可写入 |
| boolean delete() | 删除当前 File 对象指定的文件或文件夹 |
| boolean exists() | 判断当前 File 对象是否存在 |
| Long length() | 返回文件以字节为单位的长度 |
| String getPath() | 获取当前 File 对象的路径字符串 |
| String getAbsolutePath() | 获取当前 File 对象的绝对路径名 |
| String getName() | 获取当前 File 对象的文件名或路径名。如果是路径，则返回最后一级子路径名 |
| String getParent() | 获取当前 File 对象所对应路径（最后一级子路径）的父路径 |
| boolean isAbsolute() | 判断当前 File 对象表示的文件是否为绝对路径。该方法消除了不同平台的差异，在 Windows 等系统中，如果路径开头是盘符，则说明它是一个绝对路径；在 UNIX/Linux/BSD 等系统中，如果路径名以斜线/开头，则表明该对象对应一个绝对路径 |
| boolean isDirectory() | 判断当前 File 对象表示的文件是否为一个路径 |
| boolean isFile() | 判断当前 File 对象是否为文件 |
| long lastModified() | 返回当前 File 对象的最后修改时间 |
| long length() | 返回当前 File 对象表示的文件长度 |
| String[] list() | 返回当前 File 对象指定的路径文件列表 |
| boolean mkdir() | 创建一个目录，路径名由当前 File 对象指定。创建目录成功，返回 true，否则返回 false |
| boolean mkdirs() | 创建一个目录，路径名由当前 File 对象指定 |
| boolean renameTo(File) | 将当前 File 对象指定的文件更名为给定参数 File 指定的路径名 |
| Boolean setReadOnly() | 将文件或文件夹设置为只读 |

需要注意的是，File 对象包括 3 种方法表示的路径：一种是 getPath()方法，返回的是构造方法传入的路径；一种是 getAbsolutePath()方法，返回的是绝对路径；还有一种是 getCanonicalPath()方法，与绝对路径类似，但是返回的是规范路径。

**提示：** 由于 Windows 和 Linux 平台的路径分隔符不同，File 对象提供了一个静态常量 separator 来表示当前平台的路径分隔符。例如，下面的语句可以根据当前平台打印路径分隔符：

```
System.out.println(File.separator);
```

如果要分隔连续多个路径字符串，则使用静态常量 pathSeparator，在 Windows 平台下，该常量的值是分号。

## 案例——获取文件基本信息

本案例使用路径和文件名称构造一个 File 对象，通过调用 File 类的方法获取该文件对象的文件名称、路径、长度、最后修改日期等属性信息，并判断该文件对象是否为文件或目录、是否可读取或可写入，以及是否为隐藏文件。

（1）新建一个 Java 项目 FileDemo，在项目中添加一个名称为 FileInfo 的类。

（2）引入操作文件和日期需要的 java.io.File 包和 java.util.Date 包，在 FileInfo 类中添加 main()方法，编写代码，获取文件信息。具体代码如下：

```
//引入包
import java.io.File;
import java.util.Date;

public class FileInfo {
    public static void main(String[] args) {
     //指定文件所在的路径
     String path = "D:\\java_source\\";
     //指定文件名称
     String name = "Hello.java";
     //使用文件路径和名称构造 File 对象
        File f = new File(path, name);
        //输出文件信息
        System.out.println(path+name+"的文件信息如下：");
        System.out.println("================================================");
        //调用 File 类的方法获取文件属性并输出
        System.out.println("文件名称：" + f.getName());
        System.out.println("文件路径：" + f.getPath());
        System.out.println("绝对路径：" + f.getAbsolutePath());
        System.out.println("文件长度：" + f.length() + "字节");
        System.out.println("是否为文件：" + f.isFile());
        System.out.println("是否为目录：" + (f.isDirectory() ? "是目录" : "不是目
录"));
        System.out.println("是否可读取：" + (f.canRead() ? "可读取" : "不可读取"));
        System.out.println("是否可写入：" + (f.canWrite() ? "可写入" : "不可写入"));
        System.out.println("是否为隐藏文件：" + (f.isHidden() ? "是隐藏文件" : "
不是隐藏文件"));
```

```
        System.out.println("最后修改日期: " + new Date(f.lastModified()));

    }
}
```

（3）运行程序，即可在 Console 窗格中看到指定文件的相关信息，如图 10-9 所示。

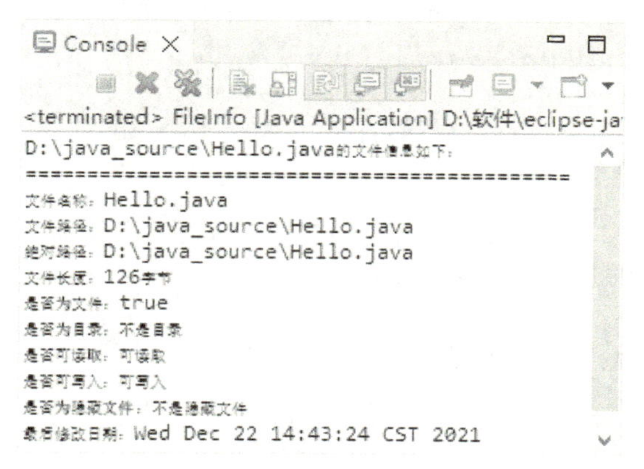


图 10-9　输出结果

## 四、创建和删除目录

使用 File 类创建和删除目录的方法与创建和删除文件的方法类似，不同的是，创建目录需要调用 mkdir()方法，创建多级目录需要调用 mkdirs()方法。与文件操作类似，无论是创建还是删除目录，都可以调用 exists()方法来判断目录是否存在。

注意：在删除目录时，必须保证指定的目录中没有任何内容，才可以使用 delete()方法成功删除目录，而且目录一旦被删除，就无法恢复。

### 案例——创建多级目录

本案例首先判断指定目录下是否存在 demo 目录，如果不存在，则创建该目录，并在该目录下创建 3 个子目录，否则先删除同名的目录再创建多级目录。

（1）新建一个 Java 项目 FolderDemo，在项目中添加一个名称为 FolderCreate 的类。

（2）引入操作文件需要的 java.io.File 包，在 FolderCreate 类中添加 main()方法，编写代码，创建目录。具体代码如下：

```
//引入包
import java.io.File;

public class FolderCreate {
    public static void main(String[] args) {
        //定义要创建目录的盘符
        String disk = "D:";
        //定义要创建目录的路径
        String childpath = "java_source"+ File.separator + "demo";
```

```
        //使用静态变量 separator，根据操作系统输出路径分隔符
        //组合成适应操作系统的路径
        String path = disk + File.separator + childpath;
        //创建文件对象，指向 path 表示的目录
        File f = new File(path);
        //调用 File 对象的 exists()方法，判断指定目录是否存在
        if (f.exists()){
            //如果存在，则先删除该目录
            System.out.println("该目录已存在，将删除该目录。");
            f.delete();
        }
        //使用 for 循环在指定目录下创建目录
        for (int i = 1; i <= 3; i++) {
            //指定目录，创建子目录
            File folder = new File(path + File.separator + "folder"+i);
            //指定目录不存在
            if (!folder.exists()) {
                //创建目录，包括不存在的父目录 demo
                folder.mkdirs();
            }
        }
        System.out.println("目录创建成功");

    }
}
```

（3）运行程序，在 Console 窗格中可以看到输出信息，在创建的目录下可以看到创建的子目录，如图 10-10 所示。

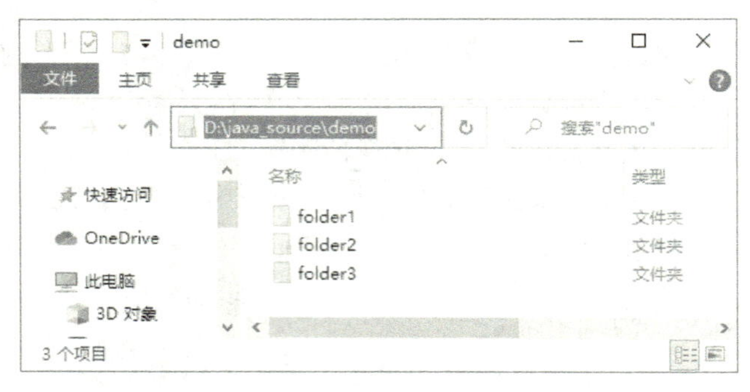


图 10-10　创建的子目录

此时再次运行程序，在 Console 窗格中可以看到创建多级目录的过程：先删除已存在的目录，再重新创建目录，如图 10-11 所示。

图 10-11　输出结果

## 五、遍历目录

如果要在指定的目录中查找文件，或者显示目录中所有的文件列表，则需要遍历目录。在遍历目录时，可以使用 File 类的 list()方法和 listFiles()方法列出目录下的文件和子目录。

### 1. list()方法

该方法返回由 File 对象表示的目录中所有文件和子目录组成的字符串数组，如果调用的 File 对象不是目录，则返回 null。语法格式如下：

```
File 对象名称.list();
```

提示：list()方法返回的数组中仅包含文件名称，不包含路径。如果目录中包含同名的文件或子目录，则返回相同的字符串，这些字符串在数组中不一定按照字母顺序出现。

### 2. listFiles()方法

该方法的功能与 list()方法相同，不同的是，该方法还提供了两种重载方法，可以过滤不想要的文件和目录。语法格式如下：

```
//构造方法，列出所有文件和子目录
File 对象名称.listFiles();
//重载方法，仅列出过滤器指定的文件和子目录
File 对象名称.listFiles(FilenameFilter filter);
File 对象名称.listFiles(FileFilter filter);
```

该方法返回一个 File 数组，在使用第 2 种和第 3 种重载方法时，如果 filter 为 null，则与第 1 种构造方法相同，返回所有的文件和子目录。

## 案例——查看指定目录下的所有文件和目录

本案例使用 list()方法遍历指定目录下的所有文件和目录，并显示文件或目录名称、类型及大小。

（1）新建一个 Java 项目 FolderList，在项目中添加一个名称为 ListDemo 的类。

（2）引入操作文件需要的 java.io.File 包，在 ListDemo 类中添加 main()方法，编写代码，查看文件和目录信息。具体代码如下：

```
//引入包
import java.io.File;

public class ListDemo {
```

```
    public static void main(String[] args) {
        //定义要创建文件的盘符
        String disk = "D:";
        //定义要创建文件的路径
        String childpath = "audio";
        //使用静态变量 separator，根据操作系统输出路径分隔符
        //组合成适应操作系统的路径
        String path = disk + File.separator + childpath;
        //创建文件对象，指向 path 表示的目录
        File f = new File(path);
        //输出目录和相关属性
        System.out.println("----------------"+path+"----------------");
        System.out.println("文件名称\t\t 文件类型\t\t 文件大小");
        System.out.println("————————————————————————————————");
        //调用 list()方法返回指定目录下的所有文件和子目录名称
        //定义一个字符串数组，用于存放返回的结果数组
        String fileList[] = f.list();
        //遍历返回的字符串数组
        for (int i = 0; i < fileList.length; i++) {
            //输出文件和子目录名称
            System.out.print(fileList[i] + "\t");
            //判断是文件还是目录并输出
            System.out.print((new File(path, fileList[i])).isFile() ? "文件" +
"\t\t" : "目录" + "\t\t");
            //计算文件的字节长度并输出
            System.out.println((new File(path, fileList[i])).length() + "字节");
        }
    }
}
```

上面的代码调用 list()方法仅能返回指定目录下的文件和子目录名称。为了获取文件类型和大小，在遍历返回的字符串数组时，先调用 File 类的构造方法，通过传入路径和文件名构造 File 对象，再调用 isFile()方法和 length()方法，返回文件或目录的类型和大小。

（3）运行程序，在 Console 窗格中可以看到指定目录下的所有文件和子目录信息，如图 10-12 所示。在资源管理器中，指定目录的文件结构如图 10-13 所示。

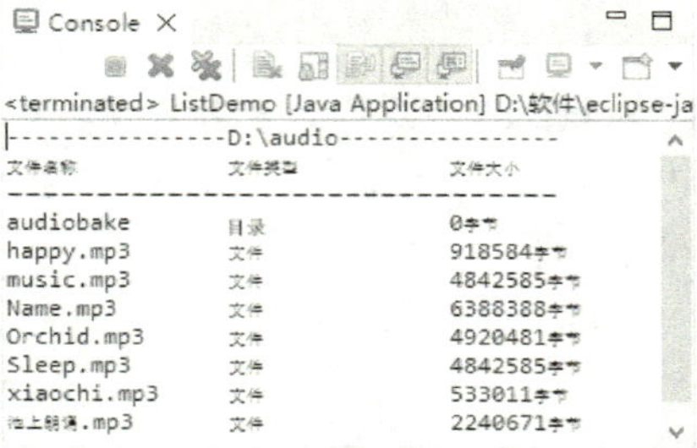

图 10-12　输出结果

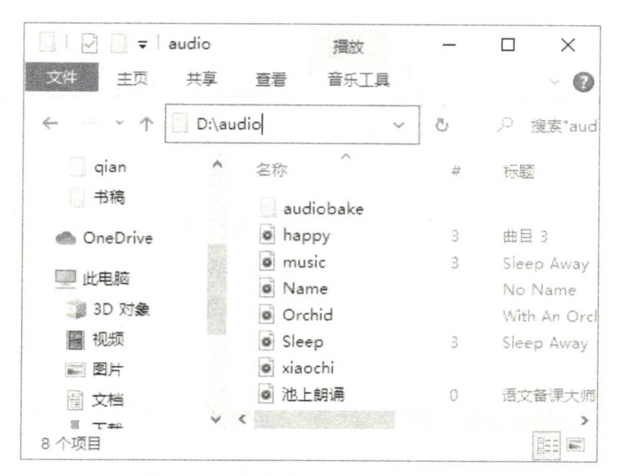


图 10-13　指定目录的文件结构

## 案例——筛选以 j 开头的文件

本案例构造文件筛选器对象，调用 listFiles()方法筛选指定目录下以特定字母开头的文件和目录。

（1）新建一个 Java 项目 ListFiles，在项目中添加一个名称为 ListFilesDemo 的类。

（2）引入操作文件需要的 java.io.File 包和 java.io.FilenameFilter 包，在 ListFilesDemo 类中添加 main()方法，编写代码，筛选文件并输出。具体代码如下：

```
//引用包
import java.io.File;
import java.io.FilenameFilter;

public class ListFilesDemo {
    public static void main(String[] args){
        //定义要创建文件的盘符
        String disk = "D:";
        //定义要创建文件的路径
        String childpath = "软件";
        //使用静态变量 separator，根据操作系统输出路径分隔符
        //组合成适应操作系统的路径
        String path = disk + File.separator + childpath;
        try {
            //创建文件对象，指向 path 表示的目录
            File f = new File(path);
            //构造文件筛选器对象，筛选以 j 开头的文件和目录
            FilenameFilter filter = new FilenameFilter() {
                public boolean accept(File f, String name)
                {
                    return name.startsWith("j");
                }
```

```
            };
            //调用 listFiles()方法，筛选文件对象 f
            //定义 File 数组，用于存放筛选结果
            File[] files = f.listFiles(filter);
            //遍历数组，输出筛选结果
            System.out.println("目录"+path+"下以 j 开头的文件和目录是：");
            for (int i = 0; i < files.length; i++) {
                System.out.println(files[i].getName());
            }
        }
        //捕获异常
        catch (Exception e) {
            System.err.println(e.getMessage());
        }
    }
}
```

在调用 listFiles()方法时，可能会访问不允许读取的文件，从而引发 Security Exception 异常，因此在上面的代码中编写了代码来捕获并处理异常。

（3）运行程序，在 Console 窗格中可以查看指定目录下以 j 开头的文件和目录，如图 10-14 所示。本例指定目录的文件结构如图 10-15 所示。

图 10-14　运行结果

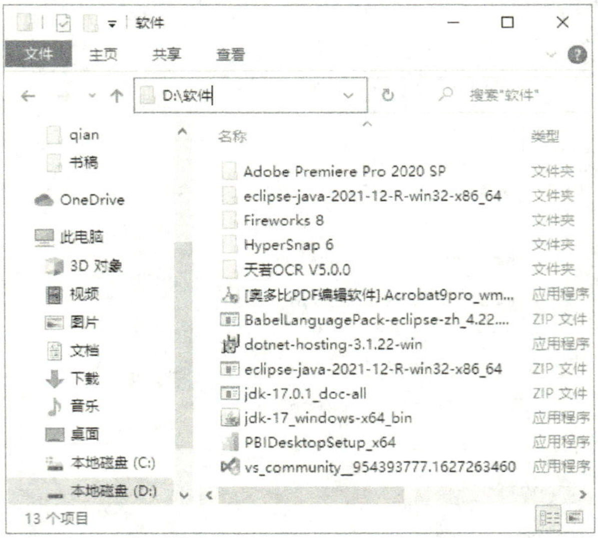

图 10-15　指定目录的文件结构

# 项目总结

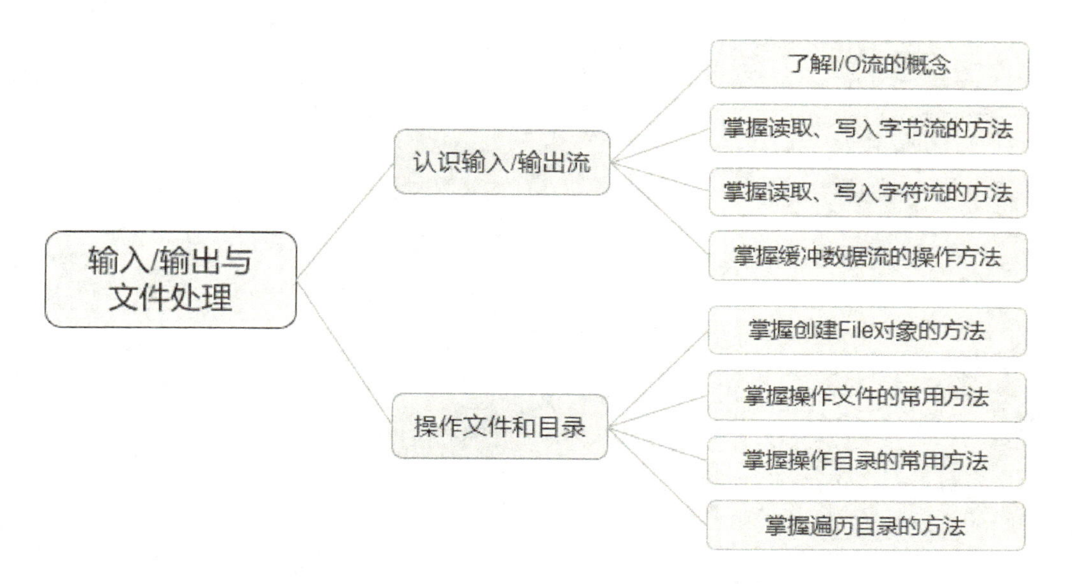


本项目主要介绍如何使用 Java 的 I/O 流来读/写不同数据，以及使用 File 对象操作文件和目录。通过本项目的学习，读者应了解字节流和字符流的区别，掌握通过字节流和字符流的相关子类从指定终端读取、写入数据流的操作，掌握使用 File 对象创建、删除文件和目录，获取文件属性，以及遍历目录、筛选特定文件的方法。

# 项目实战

## 实战一：获取键盘输入的字符串并输出

本实战获取键盘输入的字符串，并将输入的字符转换成大写形式后输出，直到输入 end，结束程序运行。

（1）新建一个 Java 项目 BufferedDemo，在项目中添加一个名称为 BufferedDemo 的类。

（2）引入操作 I/O 流和异常处理需要的包，在 BufferedDemo 类中添加 main()方法，编写实现代码。具体代码如下：

```
import java.io.BufferedReader;
import java.io.BufferedWriter;
import java.io.IOException;
import java.io.InputStreamReader;
import java.io.OutputStreamWriter;

public class BufferedDemo {
   public static void main(String[] args){
      System.out.println("请输入要转换为大写形式的内容：");
```

```
        //创建输入流，读取键盘输入的内容，并将缓冲区与指定的输入流相关联
        BufferedReader bufr = new BufferedReader(new InputStreamReader
(System.in));
        //创建输出流，将缓冲区与指定的输出流相关联
        BufferedWriter bufw = new BufferedWriter(new OutputStreamWriter
(System.out));
        //初始化行位置
        String line = null;
        try {
            //读取输入的行内容，直到结束
            while((line = bufr.readLine())!=null){
                //如果输入的是 end，则终止程序
                if("end".equals(line))
                    break;
                //将输入的字符转换成大写形式后写入缓冲区
                bufw.write(line.toUpperCase());
                //根据操作系统输出一个相应的换行符
                bufw.newLine();
                //刷新缓冲区，在 Console 窗格中输出内容
                bufw.flush();
            }
        //关闭缓冲数据流
        bufw.close();
        bufr.close();
        }
        //捕获异常，输出异常消息
        catch (IOException e) {
            System.out.println(e);
        }
    }
}
```

（3）运行程序，在 Console 窗格中输入要转换为大写形式的内容，按 Enter 键即可输出对应的大写内容，如果输入 end，则结束程序运行，如图 10-16 所示。

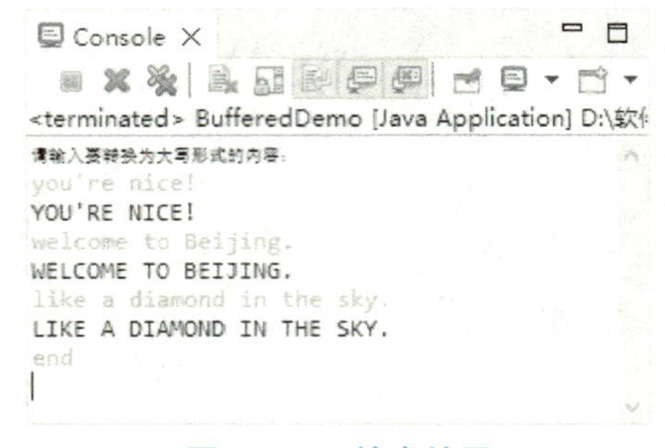


图 10-16　输出结果

## 实战二：创建文件并写入诗词内容

本实战首先在指定路径创建一个目录，并在目录中创建一个文本文件，然后在文件中写入诗词内容。

（1）新建一个 Java 项目 NewFile，在项目中添加一个名称为 NewFile 的类。

（2）引入操作 I/O 流和异常处理需要的包，在 NewFile 类中添加 main()方法，编写实现代码。具体代码如下：

```
import java.io.File;
import java.io.FileWriter;
import java.io.IOException;

public class NewFile {
    public static void main(String[] args) throws IOException  {
        //定义要创建目录的路径
        String path = "D:\\java_source\\new";
        //定义要创建的文件名称
        String name = "bakefile.txt";
        //创建 File 对象，指向 path 表示的目录
        File newfolder = new File(path);
        //创建 File 对象，指向特定路径的文件
        File newfile = new File(path + "\\" + name);
        //判断指定文件是否存在
        if (!newfile.exists()) {
            //如果指定文件不存在，则先创建文件夹，包括不存在的父文件夹
            newfolder.mkdirs();
            //然后在指定路径创建文件
            newfile.createNewFile();
            System.out.println("在路径"+newfolder+"已创建文件"+name);
        }
        try{
            //创建输出流 fw，指向创建的文本文件
            FileWriter fw = new FileWriter(newfile);
            //调用 write()方法，写入缓冲区
            fw.write("一曲新词酒一杯，去年天气旧亭台。\n");
            fw.write("夕阳西下几时回？\n");
            fw.write("无可奈何花落去，似曾相识燕归来。\n");
            fw.write("小园香径独徘徊。\n");
            //刷新缓冲区，在 Console 窗格中输出内容
            fw.flush();
            //关闭输出流
            fw.close();
        }
```

```
            //捕获异常，输出异常消息
            catch(IOException e ){
                System.out.println(e);
            }
        }
}
```

（3）运行代码，即可在 Console 窗格中看到如图 10-17 所示的输出结果。

图 10-17　输出结果

此时，在资源管理器中定位到指定的路径，可以看到创建的文本文件，如图 10-18 所示。双击打开该文件，可以看到写入的诗词内容，如图 10-19 所示。

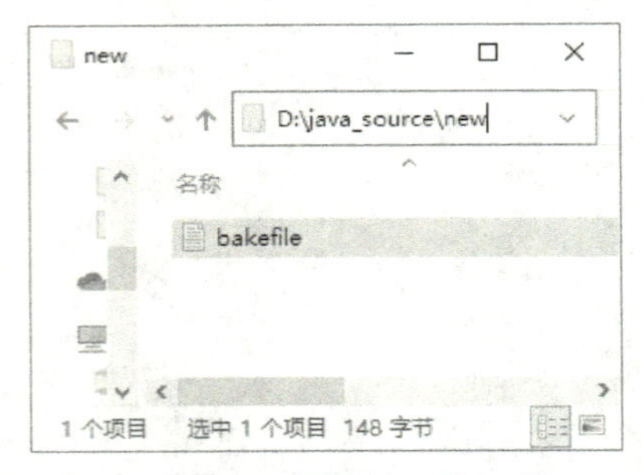


图 10-18　创建的文本文件

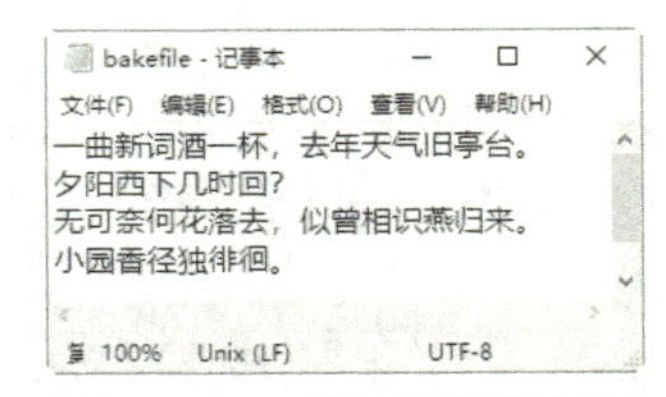


图 10-19　写入的诗词内容

## 习　　题

1．以字节为单位，读取一句唐诗并在 Console 窗格中输出。
2．创建一个多级目录，将在 Console 窗格中输入的内容写入该目录下的文件中。
3．查找并输出指定目录下以.jpg 为后缀的图像文件名称。